Association of Ukrainian grant holders DAAD
(AUS DAAD)
National Committee IAESTE Ukraine
(NC IAESTE-Ukraine)

Series: "Modern Mathematics for Engineers"

Tamara G. Stryzhak / Тамара Стрижак

Difference equations with random coefficients

Разностные уравнения со случайными коэффициентами

I0041327

Project

"Modern Mathematics for Engineers"

includes publishing the following works:

1. Difference equation with random coefficients
2. Stability of solutions of differential equations systems with random coefficients
3. Random values modeling
4. Optimal control synthesis
5. The Principle of reduction
6. New method of averaging
7. New determinant theory
8. Minimax criterion of stability
9. Numerical methods of stability research
10. Analytical functions from matrix
11. Frequently criteria of stability

Tamara G. Stryzhak / Тамара Стрижак

DIFFERENCE EQUATIONS WITH RANDOM COEFFICIENTS

Разностные уравнения со случайными коэффициентами

ibidem-Verlag
Stuttgart

Bibliografische Information der Deutschen Nationalbibliothek
Die Deutsche Nationalbibliothek verzeichnet diese Publikation in
der Deutschen Nationalbibliografie; detaillierte bibliografische Da-
ten sind im Internet über http://dnb.d-nb.de abrufbar.

Bibliographic information published by the Deutsche Nationalbibliothek
Die Deutsche Nationalbibliothek lists this publication in the Deutsche
Nationalbibliografie; detailed bibliographic data are available in the Internet at
http://dnb.d-nb.de.

∞

Gedruckt auf alterungsbeständigem, säurefreien Papier
Printed on acid-free paper

ISBN-13: 978-3-8382-0389-8

© *ibidem*-Verlag
Stuttgart 2012

Alle Rechte vorbehalten

Das Werk einschließlich aller seiner Teile ist urheberrechtlich geschützt. Jede Verwertung
außerhalb der engen Grenzen des Urheberrechtsgesetzes ist ohne Zustimmung des Verla-
ges unzulässig und strafbar. Dies gilt insbesondere für Vervielfältigungen,
Übersetzungen, Mikroverfilmungen und elektronische Speicherformen sowie die
Einspeicherung und Verarbeitung in elektronischen Systemen.

All rights reserved. No part of this publication may be reproduced, stored in or introduced into a
retrieval system, or transmitted, in any form, or by any means (electronical, mechanical,
photocopying, recording or otherwise) without the prior written permission of the publisher. Any
person who does any unauthorized act in relation to this publication may be liable to criminal
prosecution and civil claims for damages.

Printed in Germany

This work researches the stability of solutions of the linear difference equations system with random Markovian coefficients.

Lyapunov functions, with the help of which the necessary and sufficient conditions of stability of solutions in the quadratic mean are obtained, are introduced. The relevant examples are considered.

Тел.: +380 44 406 83 48
E-mail: stri@aer.ntu-kpi.kiev.ua
Web-site: www.iaeste.org.ua

"Modern Mathematics for Engineers"

Author

Tamara Stryzhak

Translator

Nataliya Sarycheva

IAESTE trainee students who took part in the Project *"Modern Mathematics for Engineers"* and in particular helped to prepare this work for publishing *in 2011*

Antonia Schmidt-Lademann Technical University of Berlin, *Germany*	*Helga Thum* ETH Zurich, Switzerland

Diana Meindl *Johannes Kepler* University Linz, *Austria*	*Markus Gölz* University of Heidelberg, *Germany*

IAESTE trainee students who took part in the Project *"Modern Mathematics for Engineers"* and in particular helped to prepare this work for publishing *in 2012*

Kaya Haugland Favorik University of *Bergen*, *Norway*	*Pringle Katherine Ellen* University of St. Andrew, *UK*

Introduction

This work states well-known definitions of random variables, the distribution function, density of distribution, numerical characteristics of random variables.

This work considers Markovian chains, stochastic matrices, and stochastic operators.

This work also considers linear difference equations with random Markovian confidents, receives equations which define variations of proper distribution density. On the basis of these equations the moment equations for the moments of the first and second order are derived.

This work turns the research of the stability of the solution in the mean and root-mean square into the research of the solution of the stability of the system of linear difference equations with constant coefficients.

This work introduces Lyapunov's function for the system of linear difference equations with random Markovian coefficients and necessary and sufficient conditions of the solution in mean square of the system of difference equations with random coefficients.

As an example this works considers in detail the stability of the solution of a difference equation with random Markovian coefficients, which takes on two values.

Table of contents

1. Random variables

Some variable is called random if it can take a value as the result of a measurement on some kind of random experiment. We shall differentiate discrete and continuous random variables.

Let some discrete random variable X, as a result of similar experiments, take values $x_1,..., x_n$. The probability of the event $X = x_k$ is denoted as p_k. We assume that the events $X = x_k$ $(k = 1,..., n)$ create the complete group of events. Thus the equality $p_1 +...+ p_n = 1$ is true.

The frequency law of the random variable X is a correspondence between possible values x_k, a random value and their probabilities p_k.

The variable value X can be defined by the distribution function $F(x)$ [1]

$$F(x) = P(X < x), \qquad (1)$$

where $P(A)$ defines the probability of event A. $F(x)$ is an increasing function of x: $F(-\infty) = 0$; $F(+\infty) = 1$.

The distribution function $F(x)$ is used for the description of both discrete and continuous random variables. We should note that the distribution function $F(x)$

can be found approximately as the result of experiments.

Let the distribution function $F(x)$ describe a continuous random variable X. Knowing $F(x)$, we can calculate the probability of the random variable to be in a given interval. By formula (1) we find:

$$P(\alpha \leq X < \beta) = F(\beta) - F(\alpha).$$

If $F(x)$ is a continuous and differentiable function, we can define the probability of the random variable X to be in the infinitesimal interval $(x, x + \Delta x)$:

$$P(x < X < x + \Delta x) = F(x + \Delta x) - F(x) \approx F'(x)\Delta x.$$

Function $f(x) = F'(x)$ is called the density distribution of the random variable X.

We shall demonstrate some properties of the density distribution: $f(x) \geq 0$;

$$\int_{-\infty}^{\infty} f(x)dx = 1, \qquad\qquad F(x) = \int_{-\infty}^{x} f(x)dx,$$

$$P(\alpha < x < \beta) = \int_{\alpha}^{\beta} f(x)dx .(2)$$

By using the generalized Dirac distribution $\delta(x)$,

$$\delta(x) = 0 \quad (x \neq 0),$$

$$\delta(0) = +\infty,$$

$$\int_{-\infty}^{\infty} \delta(x)dx = 1,$$

we can introduce the distribution density of a discrete random variable. We describe $\delta(x)$ as limit of the density distribution of normally distributed values

$$\delta(x) = \lim_{\sigma \to 0} \frac{1}{\sigma\sqrt{2\pi}} e^{-\frac{x^2}{2\sigma^2}}.$$

If the discrete random variable X takes on values $x_1,..., x_n$ with probabilities $p_k = P\{X = x_k\}$, we can describe the distribution density by the function

$$f(x) = \sum_{k=1}^{n} p_k \delta(x - x_k). \qquad (3)$$

The distribution law of a random variable is defined if the distribution function and distribution density are given.

V.I. Zubov proved that the distribution function of any random variable can be precisely approximated by a finite sum of distribution functions normally distributed variables

$$f(x) = \sum_{k=1}^{N} \frac{a_k}{\sigma_k \sqrt{2\pi}} e^{-\frac{(x-m_k)^2}{2\sigma_k^2}}, \quad a_k \geq 0, \quad \sum_{k=1}^{N} a_k = 1.$$

If the system of random variables $X_1, X_2,..., X_m$ is given, then it is determined by the distribution density $f(x_1, x_2,..., x_m)$, which satisfies the following conditions:

$$f(x_1, x_2,..., x_m) \geq 0,$$

$$\int\limits_{-\infty}^{+\infty}\int \ldots \int \left(f\left(x_1,x_2,\ldots,x_m\right)dx_1dx_2\ldots dx_m\right)=1.$$

These conditions can be written as

$$f(X)\geq 0, \quad \int\limits_{E_m} f(x)dX =1, \quad dX \equiv dx_1dx_2\ldots dx_m,$$

where E_m is the m-dimensional space of variables $x_1,x_2,\ldots,x_m$, which form the vector X.

If D is an arbitrary closed domain in the space E_m, then $P\{X \in D\} = \int\limits_{D} f(X)dX$.

2. Stochastic Operator

The concept of a function plays an important role in mathematics. We shall introduce an equivalent concept for random variables. The random variable X is fully defined by its density distribution $f(x)$.

Concept. The stochastic operator L is an operator which transforms the function $f(x)$

$$f(x) \geq 0 \quad (-\infty < x < \infty), \quad \int_{-\infty}^{\infty} f(x)dx = 1$$

into the equivalent function $f_1(x) = Lf(x)$ such as

$$f_1(x) \geq 0 \quad (-\infty < x < \infty), \quad \int_{-\infty}^{\infty} f_1(x)dx = 1$$

A set of density distributions $f(x)$ is defined as S. A set of stochastic operators is defined as L_S. If $f(x) \in S$, and $L \in L_S$, then $Lf(x) \in S$.

As basic properties of stochastic operators we require:

I.   If $L_1 \in L_S$, $L_2 \in L_S$ and $\alpha \geq 0$, $\beta \geq 0$, $\alpha + \beta = 1$, then $\alpha L_1 + \beta L_2 \in L_S$.

II.   If $L_1 \in L_S$, $L_2 \in L_S$, then $L_1 L_2 \in L_S$.

The simplest examples of stochastic operators are:

1. $L_1 f(x) \equiv f(x + c)$, $c = const$.

2. $L_2 f(x) \equiv f(kx) |k|$, $(k \neq 0)$.

3. $L_3 f(x) \equiv f(kx+c) |k|$, $(k \neq 0)$.

4. If $y = \psi(x)$ is a continuous differentiable function,
with $\psi(-\infty) = -\infty$, $\psi(+\infty) = +\infty$, $\psi'(x) > 0$
$(-\infty < x < \infty)$, then we get a stochastic operator

$$L_4 f(x) \equiv f(\psi(x))\psi'(x). \tag{4}$$

The previous stochastic operators can be considered as particular cases of operator (4), we can therefore prove the generality of operator (4).

Because of the condition $f(x) \geq 0$, the inequality $f(\psi(x))\psi'(x) \geq 0$ must be true. Replacing $y = \psi(x)$ we receive the equality

$$\int_{-\infty}^{\infty} f(\psi(x))\psi'(x)dx = \int_{-\infty}^{\infty} f(y)dy = 1,$$

which proves the generality of operator L_4.

For a system of m random variables $X_1,..., X_m$ with density distribution $f(X) = f(x_1,..., x_m)$, the following operator can be taken as a stochastic operator

$$L_5 f(X) = f(AX + B) |\det A|,$$

$\dim A = m \times m$, $\det A \neq 0$, $\dim B = m$. (5)
We see that by replacing $Y = AX + B$, we receive the equality

$$\int_{E_m} f(AX + B) \cdot |\det A| dX = \int_{E_m} f(Y) dY = 1,$$

which proves generality of operator L_5.

If L is a stochastic operator and $f(X)$ is a density distribution, then

$$\int_{E_m} Lk\, f(X) dX = k \int_{E_m} Lf(X) dX = k, \; Lf(X) \ge 0.$$

3. Numerical characteristics of random variables

The random variable X is fully determined if its distribution law is known. However for real random variables the distribution law is unknown and it cannot be exactly stated as the result of an experiment. So from practical experience in order to describe random variables we use some theoretical distribution laws and also some numerical values which contain definite information about distribution laws. Usually we use the following numerical characteristics: expectation value m_x of the random variable X and its variance D_x.

If the discrete random variable X takes on values $x_1, x_2, ..., x_n$ with probabilities $p_1, p_2, ..., p_n$, then we assume

$$m_x = \sum_{k=1}^{n} p_k x_k,$$

$$D_k = \sum_{k=1}^{n} p_k (x_k - m_x)^2. \qquad (5)$$

We introduce the practical meaning of expectation and variance of a discrete random variable. Let cluster points with weightings $p_1, ..., p_n$ be ordered on the x- axis with coordinates $x_1, ..., x_n$. Then value m_x is the centre of gravity of the system of cluster points, and the value D_x is the moment of inertia.

The value D_x defines the variance of the random variable X. As for random variables, with physical meaning, the dimension of the values D_x and x_k does not coincide, we introduce the following variable to make the comparison convenient

$$\sigma_x = \sqrt{D_x},$$

which is called the standard deviation.

For the continuously distributed random variable X with distribution density $f(x)$ mathematical expectation m_x and variance D_x are defined by the following formula

$$m_x = \int_{-\infty}^{\infty} f(x)x\,dx, \quad D_x = \int_{-\infty}^{\infty} f(x)(x - m_x)^2\,dx. \quad (6)$$

In the general case the following formula (7) is understood as expectation $\langle \varphi(X) \rangle \equiv M[\varphi(X)]$ of the discrete random variable X

$$\langle \varphi(X) \rangle \equiv M[\varphi(X)] = \sum_{k=1}^{n} p_k \varphi(x_k), \quad (7)$$

and for the continuously distributed random variable X

$$\langle \varphi(X) \rangle \equiv M[\varphi(X)] = \int_{-\infty}^{\infty} f(x)\varphi(x)\,dx. \quad (8)$$

So formula (5) can be written as

$$m_x = \langle X \rangle = M[X], \qquad D_x = \langle (X - m_x)^2 \rangle = M[(X - m_x)^2].$$
(9)

In the general case, numerical characteristic moments of a random variable can be used.

The initial moment of order s of the continuous random variable X is

$$v_s = \langle X^s \rangle = \int\limits_{-\infty}^{\infty} f(x)x^s dx.$$
(10)

It is usually considered that $s = 0,1,2,...$, however in the general case the index s can be considered to be an arbitrary number.

The central moment of order s of the continuous random variable X is

$$\mu_s = \langle (X - m_x)^s \rangle = \int\limits_{-\infty}^{\infty} f(x)(x - m_x)^s dx.$$
(11)

It is obvious that the expectation m_x is an initial moment of the first order, and variance D_x is the central moment of the second order.

All central moments are easily expressed through initial ones and vice versa. So for the variance we receive the following formula

$$D_x = \mu_2 = \int\limits_{-\infty}^{\infty} f(x)(x^2 - 2m_x \cdot x + m_x^2) dx = v_2 - (v_1)^2,$$

or for the general case

$$D_x = \langle X^2 \rangle - \langle X \rangle^2 . \qquad (12)$$

We consider the system of random variables $X_1, \ldots, X_m$ with distribution density $f(X)$. The vector of expectation is determined by the formula

$$M \equiv \langle X \rangle = \int_{E_m} X f(X) dX . \qquad (13)$$

The matrix of second moments is defined by the formula

$$D \equiv \langle XX^* \rangle = \int_{E_m} XX^* f(X) dX , \qquad (14)$$

where X^* is the transposed vector of X. We get the equality

$$XX^* = \begin{pmatrix} x_1 \\ \ldots \\ x_m \end{pmatrix} (x_1 \ldots x_m) = \begin{pmatrix} x_1 x_1 & \ldots & x_1 x_m \\ \ldots & \ldots & \ldots \\ x_m x_1 & \ldots & x_m x_m \end{pmatrix} .$$

We consider the changing of random variable moments by using a stochastic operator.

Let X be a continuous random variable with distribution density $f(x)$ and let Y be a continuous random variable with distribution density $f_1(y)$, then we define the distribution functions $F(x)$, $F_1(y)$

$$F(x) = \int_{-\infty}^{x} f(x) dx , \quad F_1(y) = \int_{-\infty}^{y} f_1(y) dy .$$

We get the following equality

$$\int_{-\infty}^{y} f_1(y)dy = P\{Y < y\} = P\{aX < y\} = P\{X < a^{-1}y\} = \int_{-\infty}^{a^{-1}y} f(x)dx$$

.

Differentiating the received equality with respect to y, we receive the equality

$$f_1(y) = f\left(a^{-1}y\right) a^{-1}. \tag{15}$$

Let the system of random variables $X_1,..., X_m$ have distribution density $f(X)$, $X = (x_1,..., x_m)^*$. We shall consider another system of random variables $Y_1,..., Y_m$ such as

$$Y_k = \sum_{s=1}^{m} a_{ks} X_s \quad (k = 1,..., m) \tag{16}$$

with distribution density $f_1(Y)$, $Y = (y_1,..., y_m)^*$. So we get the equality

$$f_1(Y) = f\left(A^{-1}Y\right) \left|\det A^{-1}\right|, \quad A = \left\|a_{ks}\right\|_1^m. \tag{17}$$

Correspondingly if

$$Y_k = \sum_{k=1}^{m} a_{ks} X_s + b_k \quad (k = 1,..., m),$$

the distribution density of the system $Y_1,..., Y_m$ becomes

$$f_1(Y) = f\left(A^{-1}(Y - B)\right) \left|\det A^{-1}\right|, \quad B^* = (b_1,..., b_m). \tag{18}$$

4. *Markovian Processes*

The Markovian process is one of the simplest random processes. A random process is a random variable which depends on a parameter.

We consider a sequence of random variables $\zeta(n)$ $(n = 0,1,2,...)$, each of them can take on q different values $\theta_1,...,\theta_q$ with probabilities

$$p_k(n) = P\{\zeta(n) = \theta_k\} \quad (k = 1,...,q).$$

We unite the probabilities $p_1(n),..., p_q(n)$ into one vector

$$P(n) = \begin{pmatrix} p_1(n) \\ .... \\ p_q(n) \end{pmatrix}, \quad p_k(n) \geq 0, \quad \sum_{k=1}^{q} p_k(n) = 1.$$

Let vector $P(n+1)$ be defined with respect to vector $P(n)$ by the formula

$$P(n+1) = S(P(n)) \quad (n = 0,1,2,...). \qquad (19)$$

The sequence $P(0), P(1), P(2),...$ is called the Markovian process. The vector-function $R = S(P)$ is a stochastic operator.

In the simplest case transformation (19) is linear and homogeneous.

$$P(n+1) = \Pi P(n). \qquad (20)$$

Matrix Π is called stochastic. If

$$\Pi = \begin{pmatrix} \pi_{11} & \pi_{12} & \cdots & \pi_{1q} \\ \pi_{21} & \pi_{22} & \cdots & \pi_{2q} \\ \cdots & \cdots & \cdots & \cdots \\ \pi_{q1} & \pi_{q2} & \cdots & \pi_{qq} \end{pmatrix},$$

then the elements π_{ks} of matrix Π are the conditions for possible transitions from condition $\zeta_n = \theta_s$ into condition $\zeta_{n+1} = \theta_k$

$$\pi_{ks} = P\{\zeta_{n+1} = \theta_k \mid \zeta_n = \theta_s\} \quad (k, s = 1, \ldots, q).$$

Theorem. To allow the linear transformation (20) to transform any random vector $P(n)$ into any random vector $P(n+1)$, it is necessary and sufficient that the elements π_{ks} of matrix Π observe the following conditions:

$$\pi_{ks} \geq 0, \quad \sum_{k=1}^{q} \pi_{ks} = 1 \quad (k, s = 1, \ldots, q). \qquad (21)$$

Provided that the following equalities are true

$$P(1) = \Pi P(0); \quad P(2) = \Pi P(1) = \Pi^2 P(0);$$
$$P(3) = \Pi P(2) = \Pi^3 P(0); \ldots,$$

then the general solution of the system of linear difference equations (20) can be written as

$$P(n) = \Pi^n P(0), \quad (n = 0, 1, 2, \ldots). \qquad (22)$$

The asymptotic behavior of the vector $P(n)$ for $n \to \infty$ depends on the eigenvalues and eigenvectors of the matrix Π. All problems connected with a Markovian process are easily solved if the general solution of the system of difference equations (20) is known. The Markovian processes (22), which have a limit for $n \to +\infty$, and are not depending on the initial value $P(0)$, are called ergodic.

In the general case we can estimate the spectrum of the stochastic matrix using results of Frobenius – Perron [1, 2].

Theorem. If Π is a stochastic matrix, i.e. it has non-negative elements π_{ks} $(k, s = 1,..., q)$ and the sum of all elements in each row is equal to one (as written in (21)), then all eigenvalues of the matrix lie in the unit circle $|z| \le 1$. Thus, matrix Π always has the eigenvalue $\rho = 1$, which has a corresponding eigenvector with non-negative projections.

If matrix Π has a complex eigenvalue ρ, of which the modulo is equal to one, it can only be a root of kth- degree of one, that is

$$\rho = \sqrt[k]{1} = \cos \varphi_k + i \sin \varphi_k, \text{ where } k \le q, \ \varphi_k = \frac{2\pi}{k}.$$

If all elements of the stochastic matrix Π are positive, then matrix Π has a simple eigenvalue $\rho = 1$ which has a corresponding eigenvector with positive projections. The modulus of all other eigenvalues of matrix Π will be less than one.

Note. If all elements of the stochastic matrix Π are positive then the Markovian process

$$P(n+1) = \Pi P(n)$$

is always ergodic. Thus, regardless of the initial value $P(0)$ there is a limit

$$\lim_{n \to \infty} P(n) = P_\infty,$$

where P_∞ is a vector with positive projections which belongs to the eigenvectors of matrix Π, corresponding to the simple eigenvalue $\rho = 1$ [5].

Example. We shall consider the Markovian process which describes a sequence of coin flips. We call the occurence of tail θ_1, and the occurence of head θ_2. Supposing the probabilities to be

$$P\{\zeta(n) = \theta_1\} = P\{\zeta(n) = \theta_2\} = \frac{1}{2}$$

we shall receive a stochastic matrix of transition probabilities

$$\Pi = \begin{pmatrix} \dfrac{1}{2} & \dfrac{1}{2} \\ \dfrac{1}{2} & \dfrac{1}{2} \end{pmatrix}.$$

The Markovian process

$$P(n+1) = \Pi P(n) \quad (n = 0,1,2,...)$$

is ergodic as all elements of the stochastic matrix Π are positive. The matrix Π has proper eigenvalues $\lambda_1 = 1$, $\lambda_2 = 0$.

Let $P(0)$ be a random vector. We shall receive:

$$P(1) = \begin{pmatrix} \dfrac{P_1(0) + P_2(0)}{2} \\ \dfrac{P_1(0) + P_2(0)}{2} \end{pmatrix} = \begin{pmatrix} \dfrac{1}{2} \\ \dfrac{1}{2} \end{pmatrix}, \qquad\qquad P(2) = \begin{pmatrix} \dfrac{1}{2} \\ \dfrac{1}{2} \end{pmatrix},$$

$$P(3) = \begin{pmatrix} \dfrac{1}{2} \\ \dfrac{1}{2} \end{pmatrix}, \ldots$$

Example. We consider a random walk which can take on three states. From state II we go to state I or III with probability $\dfrac{1}{2}$. From state I we go to state II with probability q and with probability $p = 1 - q$ we stay in state I. From state III we go to state II with probability q or with probability $p = 1 - q$ we remain in state III (pic. 1).

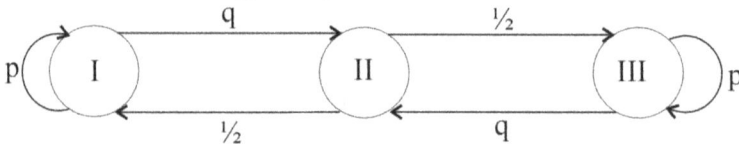

pic. 1.

We get the following stochastic matrix

$$\Pi = \begin{pmatrix} p & 0,5 & 0 \\ q & 0 & q \\ 0 & 0,5 & p \end{pmatrix}.$$

This matrix has the eigenvalues

$$z_1 = 1, \quad z_2 = p, \quad z_3 = -q = p - 1.$$

The corresponding Markovian process will be ergodic for $0 < p < 1$ and it will not be ergodic if $p = 0$ or $p = 1$.

To develop intuition we shall consider the Markovian process with two states in detail

$$\begin{aligned} p_1(n+1) &= (1-\lambda) p_1(n) + v p_2(n), \\ p_2(n+1) &= \lambda p_1(n) + (1-v) p_2(n), \end{aligned} \tag{23}$$

where $0 \le \lambda \le 1$, $0 \le v \le 1$. Let the random process $\zeta(n)$ take on value θ_1 with probability $P_1(n)$ and take on value θ_2 with probability $P_2(n)$

$$p_k(n) = P\{\zeta_n = \theta_k\} \quad (k = 1,2). \tag{24}$$

The stochastic matrix

$$\Pi = \begin{pmatrix} 1-\lambda & v \\ \lambda & 1-v \end{pmatrix}$$

has the eigenvalues $z_1 = 1$, $z_2 = 1 - \lambda - v$. So for $0 < \lambda + v < 2$ the Markovian process is ergodic. The possible solutions are determined by the following equation system

$$\left.\begin{array}{l} p_1 = (1-\lambda)p_1 + vp_2 \\ p_2 = \lambda p_1 + (1-v)p_2 \end{array}\right\} \Rightarrow \lambda p_1 = vp_2,$$

from which we get

$$p_1 = \frac{v}{\lambda+v}, \quad p_2 = \frac{\lambda}{\lambda+v}.$$

For $\lambda = 0$ the random process $\zeta(n)$ goes into the first state θ_1 and stays in it permanently.

If $\lambda = 1$, a random process after the transition into the first state is immediately transformed into the second state. The behavior of the random process after the transition to the second state at $v = 0$ and $v = 1$ is similar.

We find the mathematical expectation $\langle T \rangle$ of time duration T of the random process $\zeta(n)$ in state θ_1. For each value $T_n = n$, $(n = 1, 2, 3)$ we shall find the corresponding probability of transition into condition θ_2, supposing that at all previous moments of time $T = 1, 2, ..., n-1$ the random process $\zeta(n)$ is in condition θ_1. We get

$$T_1 = 1, \quad p_1 = \lambda,$$
$$T_2 = 2, \quad p_2 = (1-\lambda)\lambda,$$
$$T_3 = 3, \quad p_3 = (1-\lambda)^2 \lambda, \; .....$$

$$T_n = n, \quad p_n = (1-\lambda)^{n-1}\lambda.$$

For the expectation of the duration of a period in the first state we find the expression

$$\langle T \rangle = \sum_{n=1}^{\infty} n \cdot \lambda(1-\lambda)^{n-1} = \frac{1}{\lambda}.$$

In the same way we get the expectation of the duration in the second state, and we find the expression $\langle T \rangle = \dfrac{1}{v}$.

The Markovian process (23) can be designed on the computer for $0 < \lambda < 1$, $0 < v < 1$ with the help of a generator of random numbers, uniformly distributed on the interval $[0;1]$. Let the random process $\zeta(n)$ be in the first state θ_1. Using the generator of random numbers we get the random number X. If $0 \le X < \lambda$, then the random process $\zeta(n+1)$ goes into the second state θ_2. If $\lambda \le X \le 1$, then the random process $\zeta(n+1)$ stays in the first state θ_1.

In the same way we do a transition of $\zeta(n)$ into $\zeta(n+1)$ when the random process $\zeta(n)$ goes into the second state θ_2.

If $\lambda > 0$, $\lambda \approx 0$, then the random process $\zeta(n)$ after a transition into the first state θ_1 will stay there during the period T, $\langle T \rangle = \lambda^{-1}$. At $v > 0$, $v \approx 0$ the random process $\zeta(n)$, having come into the second state θ_2 will stay there for a long time T, $\langle T \rangle = v^{-1}$.

If $\lambda = 1$, then the random process, after a transition to the first state, immediately goes into the second state. In the same way at $v = 1$ the random process, after a transiton into the second state, immediately goes into the first state.

At the end of this chapter we consider an example of a non-linear Markovian process.

Example. Let the random vector $P(n)$ be defined by the system of difference equations

$$\begin{cases} p_1(n+1) = p_1(n)\left(1 - p_1^2(n) - p_2^2(n)\right) + p_2(n)\left(p_1^2(n) + p_2^2(n)\right), \\ p_2(n+1) = p_1(n)\left(p_1^2(n) + p_2^2(n)\right) + p_2(n)\left(1 - p_1^2(n) - p_2^2(n)\right). \end{cases}$$

(25)

We can easily make sure that if the following conditions are true

$$p_1(n) \geq 0, \quad p_2(n) \geq 0, \quad p_1(n) + p_2(n) = 1$$

then similar conditions will be true when replacing n by $n+1$. By eliminating $p_2(n)$ we receive the difference equation

$$p_1(n+1) = 1 - 3p_1(n) + 6p_1^2(n) - 4p_1^3(n).$$

This dependence is shown graphically in Pic.2.

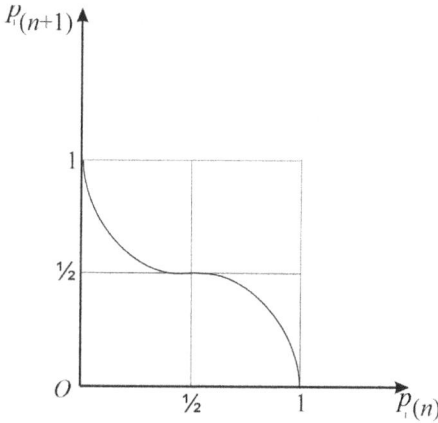

Pic. 2.

Point $p_1(n) = \dfrac{1}{2}$ is stationary. After the replacement

$$p_1(n) = \frac{1}{2} + x(n)$$

we get the difference equation

$$x(n+1) = -4x^3(n),$$

which has the asymptotically stable solution $x(n) = 0$.

We can conclude that the non-linear Markovian process (25) is ergodic at $0 < p_1(n) < 1$, $0 < p_2(n) < 1$ and thus we have limited relations

$$\lim_{n \to \infty} p_1(n) = \frac{1}{2}, \quad \lim_{n \to \infty} p_2(n) = \frac{1}{2}.$$

At $p_1(0) = 0$ or $p_1(0) = 1$ we receive a periodic solution with period equal to 2.

5. Markovian Continuous Processes

We shall consider a sequence of continuous random vector variables $X_1(n),..., X_m(n)$ with distribution density $f(n, x_1,..., x_m) \equiv f(n, X)$. This sequence creates a Markovian random process if

$$f(n+1, X) = L f(n, X), \quad (n = 0,1,2,...), \qquad (26)$$

where L is a stochastic operator.

We consider a sequence of random vectors X_n, which fulfils the system of difference equations

$$X_{n+1} = AX_n, \quad (\det A \neq 0). \qquad (27)$$

Vector X_n has the distribution density $f(n, X)$.

Let $f(n+1, X) = L f(n, X)$. From the system of difference equations we determine operator L

$$L f(n, X) \equiv f(n, A^{-1}X) |\det A^{-1}|$$

and receive a Markovian process for the continuous random vector variables

$$f(n+1, X) = f(n, A^{-1}X) |\det A^{-1}|. \qquad (28)$$

We introduce the first and second moments of the vector random variable X_n

$$M(n) = \langle X_n \rangle = \int_{E_m} X f(n, X) dX$$

$$D(n) = \langle X_n X_n^* \rangle = \int_{E_m} XX^* f(n, X) dX.$$

With formula (28) and by using $A^{-1}X = Y$ in the system of moment equations we get:

$$M(n+1) = \int_{E_m} Xf(n+1, X)dX = \int_{E_m} Xf(n, A^{-1}X)\left|\det A^{-1}\right|dX =$$

$$= \int_{E_m} AYf(n, Y)dY = AM(n)$$

$$D(n+1) = \int_{E_m} XX^* f(n+1, X)dX =$$

$$= \int_{E_m} AYY^*A^* f(n, Y)dY = AD(n)A^*.$$

The received systems of difference equations

$$M(n+1) = AM(n), \quad D(n+1) = AD(n)A^* \qquad (29)$$

can be directly calculated from the system of difference equations for the random vector X_n and the random matrix $X_n X_n^*$:

$$X_{n+1} = AX_n, \quad X_{n+1} X_{n+1}^* = AX_n X_n^* A^*,$$

using the formula for the mathematical expectation.

   We consider the system of discrete random variable $\varsigma(n)$ and the system of continuous random variables $X_1(n), ..., X_m(n)$. Let ς_n take values $\theta_1, ..., \theta_q$ with probabilities

$$p_k(n) = P\{\varsigma_n = \theta_k\}, \quad (k = 1, ..., q).$$

Let ς_n be independent on $X_1(n), ..., X_m(n)$. We introduce the conditional probabilities

$$f(n, x_1, ..., x_m \mid \zeta_n = \theta_k) = f(n, X \mid \zeta_n = \theta_k).$$

The distribution density of the random variables $X_1(n), ..., X_m(n)$ is expressed through $f(n, X)$. According to the law of total probability we receive the following equality

$$f(n, X) = \sum_{k=1}^{q} f(n, X \mid \zeta_n = \theta_k) \cdot P\{\zeta_n = \theta_k\} =$$

$$= \sum_{k=1}^{q} f(n, X \mid \zeta_n = \theta_k) p_k(n)$$

The distribution density of the random variables ζ_n and $X_1(n), ..., X_m(n)$ can be written as

$$f(n, X, \zeta) = \sum_{k=1}^{q} f_k(n, X) \delta(\zeta - \theta_k),$$

$$f_k(n, X) \equiv f(n, X \mid \zeta_n = \theta_k) p_k(n).$$

The functions

$$f_k(n, X) \equiv f(n, X \mid \zeta_n = \theta_k) \cdot P\{\zeta_n = \theta_k\}, \quad (k = 1, ..., q) \quad (30)$$

are called partial distribution densities, as they are part of the distribution density $f(n, X)$:

$$f(n, X) = \sum_{k=1}^{q} f_k(n, X), \quad \langle f_k(n, X) \rangle = p_k(n). \quad (31)$$

Partial distribution densities were introduced earlier in work [3].

We introduce the vector of distribution densities

$$F(n,\mathrm{X})=\begin{pmatrix} f_1(n,\mathrm{X}) \\ \dots\dots\dots \\ f_q(n,\mathrm{X}) \end{pmatrix}, \qquad (32)$$

which fully defines the system of random variables ζ_n, $\mathrm{X}_1(n),\dots,\mathrm{X}_m(n)$. If we use the first and second moments

$$M(n)=\langle \mathrm{X}_n \rangle = \int_{E_m} \mathrm{X}f(n,\mathrm{X}) = \sum_{k=1}^{q} \int_{E_m} \mathrm{X}f_k(n,\mathrm{X})d\mathrm{X},$$

$$D(n)=\langle \mathrm{X}_n\mathrm{X}_n^* \rangle = \int_{E_m} \mathrm{X}\mathrm{X}^* f(n,\mathrm{X})d\mathrm{X} = \sum_{k=1}^{q} \int_{E_m} \mathrm{X}\mathrm{X}^* f_k(n,\mathrm{X})d\mathrm{X}$$

,

the variables

$$M_k(n)=\int_{E_m} \mathrm{X}f_k(n,\mathrm{X})d\mathrm{X}, \quad (k=1,\dots,q)$$

$$D_k(n)=\int_{E_m} \mathrm{X}\mathrm{X}^* f_k(n,\mathrm{X})d\mathrm{X}$$

are called partial first and second moments.

Let Π be a stochastic matrix with elements π_{ks}

$$\Pi = \left\| \pi_{ks} \right\|_1^q.$$

We introduce a continuous process by the formula

$$F(n+1,\mathrm{X}) = \begin{pmatrix} \pi_{11}L_{11} & \pi_{12}L_{12} & \dots & \pi_{1q}L_{1q} \\ \pi_{21}L_{21} & \pi_{22}L_{22} & \dots & \pi_{2q}L_{2q} \\ \dots\dots & \dots\dots & \dots & \dots\dots \\ \pi_{q1}L_{q1} & \pi_{q2}L_{q2} & \dots & \pi_{qq}L_{qq} \end{pmatrix} F(n,\mathrm{X}), \qquad (33)$$

where L_{ks} $(k, s = 1,2,...,q)$ are stochastic operators.

Theorem. Transformation (33) turns the random vector of proper distribution densities $F(n, X)$ into a vector of proper distribution densities $F(n+1, X)$.

Proof. Vector $F(n, X)$ (32) will be a vector of proper distribution densities if the following conditions are true

$$f_k(n, X) \geq 0, \quad (k = 1,...,q), \quad \int_{E_m} \sum_{k=1}^{q} f_k(n, X) dX = 1. \qquad (34)$$

With equality (33) we get the following equations

$$f_k(n+1, X) = \sum_{s=1}^{q} \pi_{ks} L_{ks} f_s(n, X), \quad (k = 1,...,q).$$

As $f_s(n, X) \geq 0$, $(s = 1,...,q)$,

then $f_k(n+1, X) \geq 0$, $(k = 1,...,q)$.

We introduce the stochastic operators

$$L_s = \sum_{k=1}^{q} \pi_{ks} L_{ks}, \quad (s = 1,...,q)$$

and transformation (33) leads to equality

$$\sum_{k=1}^{q} f_k(n+1, X) = \sum_{s=1}^{q} L_s f_s(n, X),$$

from which we find equality (34).

Example. We introduce the stochastic operators

$$L_{ks} f(X) \equiv f(A_{ks}^{-1} X) \cdot |\det A_{ks}^{-1}|, \quad (k, s = 1,...,q).$$

Transformation (33) takes the following form

$$f_k(n+1, X) = \sum_{s=1}^{q} \pi_{ks} f_s\left(n, A_{ks}^{-1}X\right) \cdot \left|\det A_{ks}^{-1}\right|, \quad (k = 1,...,q). \quad (35)$$

We multiply equality (35) by X and integrate over the whole space E_m. We receive the system of matrix moment equations

$$M_k(n+1) = \sum_{s=1}^{q} \pi_{ks} A_{ks} M_s(n), \quad (k = 1,...,q). \quad (36)$$

In the same way we receive the matrices of second moments

$$D_k(n+1) = \sum_{s=1}^{q} \pi_{ks} A_{ks} D_s(n) A_{ks}^*, \quad (k = 1,...,q). \quad (37)$$

6. System of linear difference equations with random Markovian coefficients

We derive functional equations for particular distribution densities and moment equations.

We begin with considering the most widely spread equation of the first order

$$x_{n+1} = a(\zeta_n)x_n, \quad (n = 0,1,2,...), \qquad (38)$$

where ζ_n is a random Markovian process with two states $\zeta = \theta_1$, $\zeta = \theta_2$. The random variable ζ_n with corresponding probabilities

$$p_k(n) = P\{\zeta_n = \theta_k\}, \quad (k = 1,2),$$

satisfies the system of difference equations

$$p_1(n+1) = (1-\lambda)p_1(n) + vp_2(n), \quad (0 \le \lambda \le 1, \ 0 \le v \le 1),$$
$$p_2(n+1) = \lambda p_1(n) + (1-v)p_2(n). \qquad (39)$$

We assume

$$a(\theta_1) = a_1, \quad a(\theta_2) = a_2. \qquad (40)$$

For the sake of simplicity we assume that $a_1 > 0$, $a_2 > 0$.

We define $f_k(n,x)$, $(k = 1,2)$ to be all particular distribution densities of the random variable X_n, which is defined by the difference equation

$$X_{n+1} = a(\zeta_n)X_n, \quad (n = 0,1,2,...) \qquad (41)$$

and we shall find the particular distribution densities $f_k(n+1, x)$ of the random variable X_{n+1}.

We shall consider some possible hypotheses. The random variable ζ_n can stay in first state $\zeta_n = \theta_1$ and then this variable X_n will have proper distribution density $f_1(n, x)$. With probability $(1 - \lambda)$ variable ζ_{n+1} can also stay in state $\zeta_{n+1} = \theta_1$ and then the random variable X_{n+1} will have the distribution density $f_1\left(n, \dfrac{x}{a_1}\right) \cdot \dfrac{1}{a_1}$. If the random variable ζ_n stays in the second state $\zeta_n = \theta_2$, then variable X_n has the proper distribution density $f_2(n, x)$. With probability v variable ζ_{n+1} goes into the state $\zeta_{n+1} = \theta_1$ and hence the random value X_{n+1} will have the distribution density $f_2\left(n, \dfrac{x}{a_2}\right) \cdot \dfrac{1}{a_2}$. Finally, according to the law of total probability we receive the following equation

$$f_1(n+1, x) = \frac{1-\lambda}{a_1} f_1\left(n, \frac{x}{a_1}\right) + \frac{v}{a_2} f_2\left(n, \frac{x}{a_2}\right). \qquad (42)$$

In the same way we determine the other equation

$$f_2(n+1, x) = \frac{\lambda}{a_1} f_1\left(n, \frac{x}{a_1}\right) + \frac{1-v}{a_2} f_2\left(n, \frac{x}{a_2}\right). \qquad (43)$$

The system of functional equations (42), (43) defines the changes of proper distribution densities. These functional equations are complicated and will not be considered in this work.

We introduce particular moments of the first and second order

$$M_k(n) = \int_{-\infty}^{\infty} x f_k(n,x)dx, \quad D_k(n) = \int_{-\infty}^{\infty} x^2 f_k(n,x)dx. \quad (44)$$

We multiply the equations (42), (43) by x and integrate with respect to x on the interval $(-\infty, \infty)$. Using substitutions $\dfrac{x}{a_1} = y$, $\dfrac{x}{a_2} = y$, we get the system of moment

equations

$$M_1(n+1) = (1-\lambda)a_1 M_1(n) + va_2 M_2(n),$$
$$M_2(n+1) = \lambda a_1 M_1(n) + (1-v)a_2 M_2(n). \quad (45)$$

For the second particular moments we find the system of difference equations

$$D_1(n+1) = (1-\lambda)a_1^2 D_1(n) + va_2^2 D_2(n),$$
$$D_2(n+1) = \lambda a_1^2 D_1(n) + (1-v)a_2^2 D_2(n). \quad (46)$$

We now consider the system of difference equations

$$X_{n+1} = A(\zeta_n)X_n, \quad \dim X_n = m, \quad (47)$$

where ζ_n is a Markovian process which takes values $\theta_1, ..., \theta_q$ with probabilities

$$p_k(n) = P\{\zeta_n = \theta_k\}, \ (k = 1,...,q).$$

Let the probabilities $p_k(n)$ satisfy the system of difference equations

$$p_k(n+1) = \sum_{s=1}^{q} \pi_{ks} p_s(n). \qquad (48)$$

The distribution density of the random variables X_n, ζ_n can be presented in the generalized function

$$f(n, X, \zeta) = \sum_{k=1}^{q} f_k(n, X)\delta(\zeta - \theta_k),$$

where $f_k(n, X)$ are proper distribution densities

$$f_k(n, X) = f(n, X \mid \zeta = \theta_k) \cdot P\{\zeta = \theta_k\}.$$

We introduce a definition for the particular random values of matrix $A(\zeta_n)$

$$A_s = A(\theta_s), \ (s = 1,...,q).$$

For $\zeta_n = \theta_s$ the system of equations (47) assumes the form

$$X_{n+1} = A_s X_n$$

and the particular distribution density $f_k(n+1, X)$ is defined by the expression

$$f_k(n+1, X) = \sum_{s=1}^{q} \pi_{ks} f_s(n, A_s^{-1}X) \left| \det A_s^{-1} \right|, \ (k = 1,...,q). \quad (49)$$

We introduce the vectors of the particular moments of the first order

$$M_k(n) = \int_{E_m} X f_k(n, X) dX \ , (k = 1, \ldots, q)$$

and the matrices of the particular initial moments of the second order

$$D_k(n) = \int_{E_m} XX^* f_k(n, X) dX, \quad (k = 1, \ldots, q).$$

We multiply equation (49) by vector X and integrate over the whole m-dimension as phase space. We receive the system of linear difference equations with constant coefficients of the vectors $M_k(n)$

$$M_k(n+1) = \sum_{s=1}^{q} \pi_{ks} A_s M_s(n), \quad (k = 1, \ldots, q). \tag{50}$$

The vector of the first moments

$$M(n) = \int_{E_m} X f(n, X) dX$$

is a sum of the particular moments

$$M(n) = \sum_{k=1}^{q} M_k(n), \quad f(n, X) = \sum_{k=1}^{q} f_k(n, X).$$

In the same way we multiply each equation (49) by matrix XX^* and integrate over the whole space E_m. We receive the system of equations for the matrices of the second order

$$D_k(n+1) = \sum_{s=1}^{q} \pi_{ks} A_s D_s(n) A_s^*, \quad (k = 1, \ldots, q). \tag{51}$$

The matrix of second moments

$$D(n) = \int_{E_m} XX^* f(n, X) dX$$

is a sum of particular moments of the second order

$$D(n) = \sum_{k=1}^{q} D_k(n).$$

The received results can be generalized for the system of linear difference equations such as

$$X_{n+1} = A(\zeta_{n+1}, \zeta_n) X_n, \qquad (52)$$

if the coefficients of the system of equations depend on two variables of the Markovian process.

Let the Markovian process ζ_n be defined by the system of difference equations (48). We introduce a definition for the matrix coefficients

$$A(\theta_k, \theta_s) = A_{ks}, \quad (k, s = 1, ..., q). \qquad (53)$$

For the proper densities we receive the system of functional equations

$$f_k(n+1, X) = \sum_{s=1}^{q} \pi_{ks} f_s(n, A_{ks}^{-1} X) \left| \det A_{ks}^{-1} \right|, \quad (k = 1, ..., q). \quad (54)$$

For the moments of the first order we get the system of equations

$$M_k(n+1) = \sum_{s=1}^{q} \pi_{ks} A_{ks} M_s(n), \quad (k = 1, ..., q). \qquad (55)$$

For the matrix of the particular moments of the second order we get the equation system

$$D_k(n+1) = \sum_{s=1}^{q} \pi_{ks} A_{ks} D_s(n) A_{ks}^*, \quad (k=1,\ldots,q). \qquad (56)$$

The vector of first moments $M(n)$ and the matrix of second moments $D(n)$ can be determined as the sum of particular moments

$$M(n) = \sum_{k=1}^{q} M_k(n), \quad D(n) = \sum_{k=1}^{q} D_k(n).$$

In the conclusion of this chapter we introduce the moment equations for the inhomogeneous system of linear difference equations

$$X_{n+1} = A(\zeta_n) X_n + B(\zeta_n), \quad \det A(\zeta_n) \neq 0. \qquad (57)$$

Supposing ζ_n is the Markovian process taking on q different variables $\theta_1,\ldots,\theta_q$ with probabilities

$$p_k(n) = P\{\zeta_n = \theta_k\}, \quad (k=1,\ldots,q),$$

it satisfies the system of difference equations (48). The particular distribution densities $f_k(n,X)$ satisfy the system of functional equations

$$f_k(n+1,X) = \sum_{s=1}^{q} \pi_{ks} f_s\left(n, A_s^{-1}(X-B_s)\right) \left|\det A_s^{-1}\right|,$$

$$(k=1,\ldots,q; \ n=0,1,2,\ldots). \qquad (58)$$

For the particular moments of the first order

$$M_k(n) = \int_{E_m} X f_k(n,X)dX, \quad (k=1,\ldots,q)$$

we shall receive the system of difference equations with constant coefficients

$$M_k(n+1) = \sum_{s=1}^{q} \pi_{ks}\left(A_s M_s(n) + B_s p_s(n)\right), \quad (k=1,...,q). \quad (59)$$

For the matrix of particular moments of the second order

$$D_k(n) = \int_{E_m} XX^* f_k(n,X)dX, \quad (k=1,...,q)$$

we shall receive the system of difference equations
$$D_k(n+1) =$$

$$= \sum_{s=1}^{q} \pi_{ks}\left(A_s D_s(n)A_s^* + A_s M_s(n)B_s^* + B_s M_s^*(n)A_s^* + B_s B_s^* p_s(n)\right),$$

$$(k=1,...,q). \quad (60)$$

Example. Let ζ_n be a Markovian process with two states θ_1, θ_2 with probabilities

$$p_k(n) = P\{\zeta_n = \theta_k\}, \quad (k=1,2),$$

which satisfy the system of difference equations
$$p_1(n+1) = (1-\lambda)p_1(n) + \lambda p_2(n),$$
$$p_2(n+1) = \lambda p_1(n) + (1-\lambda)p_2(n), \quad (0 \le \lambda \le 1). \quad (61)$$

Let some businessman buy shares at price β every time when $\zeta_n = \theta_1$, and sell shares at price β when $\zeta_n = \theta_2$. We find an interval of possible values of the total sum of incomes and expenditures x_n. We have the system of equations

$$x_{n+1} = x_n + b(\zeta_n), \quad b(\theta_1) = \beta_0, \quad b(\theta_2) = -\beta, \quad x_0 = 0.$$

For the first particular moments we receive the system of equations

$$M_1(n+1) = (1-\lambda)\left(M_1(n) + \frac{\beta}{2} \right) + \lambda \left(M_2(n) - \frac{\beta}{2} \right),$$

$$M_2(n+1) = \lambda\left(M_1(n) + \frac{\beta}{2} \right) + (1-\lambda) \left(M_2(n) - \frac{\beta}{2} \right). \tag{62}$$

We solve this system with zero initial values $M_1(0) = M_2(0) = 0$ and by using equation (50):

$$M(n) = M_1(n) + M_2(n) \equiv 0,$$

$$M_1(n+1) - M_2(n+1) = (1-2\lambda)(M_1(n) - M_2(n) + \beta).$$

Then we determine the moment equations for the particular moments of the second series (51):

$$D_1(n+1) = (1-\lambda)\left(D_1(n) + 2\beta M_1(n) + \frac{\beta^2}{2} \right) +$$

$$+\lambda\left(D_2(n) - 2\beta M_2(n) + \frac{\beta^2}{2} \right),$$

$$D_2(n+1) = \lambda\left(D_1(n) + 2\beta M_1(n) + \frac{\beta^2}{2} \right) +$$

$$+(1-\lambda)\left(D_2(n) - 2\beta M_2(n) + \frac{\beta^2}{2} \right),$$

out of which we determine an expression for the dispersion

$$D(n) = n\beta^2 + \frac{\beta^2}{2\lambda^2}\left(n(1-2\lambda) - (n+1)(1-2\lambda)^2 + (1-2\lambda)^{n+2}\right)$$

If $\lambda = 0,5$, then $D(n) = n\beta^2$ and variable x_n changes approximately according to the rule of 3σ in the interval

$$-3\beta\sqrt{n} \le x_n \le 3\beta\sqrt{n}.$$

The businessman can wait until the time n, when $x_n > 0$, and stop his game then.

7. Stability of difference equations with constant coefficients

We consider a system of linear difference equations with constant coefficients

$$X_{n+1} = AX_n, \quad (n = 0,1,2,...). \qquad (63)$$

From the system of equations we determine the general solution

$$X_n = A^n X_0, \quad (n = 0,1,2,...).$$

The zero solution of system (63) is called asymptotically stable if any solution of system (63) converges to zero at $n \to +\infty$, which is

$$\lim_{n \to \infty} A^n = 0. \qquad (64)$$

Theorem. In order to make the zero solution of the system of difference equations (63) asymptotically stable it is necessary and sufficient that all eigenvalues of matrix A are less than one to the modulus.

Determining eigenvalues of matrix A is a complicated task. Hovewer, we can use the computer to find the degree of matrix A according to the following algorithm.

$$A_1 = A, \quad A_{n+1} = A_n \cdot A_n, \quad (n = 1,2,3,...).$$

If $\lim_{n \to \infty} \|A_n\| = 0$, then the zero solution of the system of equations (63) is asymptotically stable. If $\|A_n\| \to \infty$, then the zero solution of system (63) is unstable. The condition of stability can be replaced by the inequality $\|A_N\| < 1$. The condition of instability by the inequality $\|A_n\| > M$, $(M \approx 10^4 - 10^8)$. The rate of the transition process can be estimated through the spectral radius

$$\rho = \max_j \{ |\lambda_j| \}, \quad (j = 1,...,m),$$

where λ_j are eigenvalues of matrix A. For determining the spectral radius we can use the following formula

$$\rho = \lim_{n \to \infty} \sqrt[n]{\|A^n\|}. \tag{65}$$

For determining ρ we use the following algorithm.

I. We find the sequence of matrix norms

$$\sigma_1 = \|A\|, \quad A_1 = A\sigma_1^{-1},$$

$$\sigma_{n+1} = \|A_n A_n\|, \quad A_{n+1} = A_n A_n \sigma_{n+1}^{-1}.$$

All matrices A_n $(n = 1,2,3,...)$ are of the unit norm.

II. The spectral radius ρ is calculated according to the formula

$$\ln \rho = \lim_{n \to \infty} \left(\ln \sigma_1 + \frac{1}{2} \ln \sigma_2 + \frac{1}{4} \ln \sigma_3 + ... + 2^{-n} \ln \sigma_{n+1} \right).$$

Let us look at the matrix norm $\|A\|$ where

$$A = \|a_{ks}\|_{k,s=1}^m.$$

We can use any norm based on vectors, for example

$$\|A\| = \max_{k}\left\{\sum_{s=1}^{m}|a_{ks}|\right\}.$$

Another effective numerical–analytical way of examining the stability of solutions of the system of equations (63) is to use Lyapunov's functions [6].

Theorem. In order to make the zero solution of the system of equations (63) asymptotically stable it is necessary and sufficient that the matrix equation for the symmetric matrix $C = C^*$

$$A^*CA - C = -B \qquad\qquad (66)$$

with a symmetric matrix $B = B^* > 0$ has a solution $C > 0$.

Proof. The condition $C > 0$ means that the quadratic form $\upsilon(X) = X^*CX$ is positive definite. Let the zero solution of the system of difference equations (63) be asymptotically stable. That means

$$X_n \underset{n\to\infty}{\to} 0, \quad A^n \underset{n\to\infty}{\to} 0, \quad \left(A^*\right)^n BA^n \underset{n\to\infty}{\to} 0.$$

Successively excluding matrix C from the equation

$$C = B + A^*CA,$$

we get as an expression for matrix C the series

$$C = B + A^*BA + \left(A^*\right)^2 BA^2 + \left(A^*\right)^3 BA^3 + \dots.$$

This series is convergent as it is majorized by elements of the decreasing geometric series.

We introduce another definition for the stability of the solutions of the system of difference equations (63).

We assume that the system of equations (63) is L_2 - stable if for any solution X_n the following series is convergent

$$\sum_{n=0}^{\infty} \|X_n\|^2 .$$

We use the Euclidean norm of vector $\|X\|$, $X = (x_1, \dots x_m)^*$

$$\|X\|^2 = |x_1|^2 + |x_2|^2 + \dots + |x_m|^2 .$$

For the system of difference equations with constant coefficients L_2 – stability is equivalent to asymptotic stability.

8. Stability of difference equations with Markovian coefficients

We introduce definitions for the stability of solutions of systems of difference linear equations with constant coefficients

$$X_{n+1} = A(\zeta_n)X_m, \quad \dim X_n = m. \qquad (67)$$

Let $\langle X_n \rangle = M\{X_n\}$ be the expectation of random vector X_n.

Definition. The zero solution of the system of equations (67) is called asymptotically stable in the mean, if for any solution of the equation system (67) the following relation is true

$$\lim_{n\to\infty} < X_n >= 0. \qquad (68)$$

The zero solution of the system of equations (67) is called asymptotically stable in the quadratic mean if for any solution X_n of the system (67) the following relation is true

$$\lim_{n\to\infty} < X_n X_n^* >= 0. \qquad (69)$$

Theorem. If the zero solution of the system of equations (67) is stable in the quadratic mean then for any $\varepsilon > 0$ the following relation is true

$$\lim_{n\to\infty} P\{|X_n| > \varepsilon\} = 0. \qquad (70)$$

We prove this theorem for the one-dimensional case.

$$P\{|X_n| > \varepsilon\} = \int_{-\infty}^{-\varepsilon} f(n,x)\,dx + \int_{\varepsilon}^{+\infty} f(n,x)\,dx = \varepsilon^{-2} \int_{-\infty}^{-\varepsilon} \varepsilon^2 f(n,x)\,dx +$$

$$+ \varepsilon^{-2} \int_{\varepsilon}^{+\infty} \varepsilon^2 f(n,x)\,dx \leq \int_{-\infty}^{+\infty} x^2 f(n,x)\,dx \leq \varepsilon^{-2} D(n) \underset{n\to+\infty}{\longrightarrow} 0.$$

Here $f(n,x)$ is the distribution density of the random variable X_n. In the general case the theorem is proved in the same way.

Let ζ_n in the system of equations (67) be the Markovian process which takes on values $\theta_1,...,\theta_q$ the probabilities

$$p_k(n) = P\{\zeta_n = \theta_k\}, \quad (k = 1,...,q;\ n = 0,1,2,...), \quad (71)$$

which are satisfying the system of difference equations

$$p_k(n+1) = \sum_{s=1}^{q} \pi_{ks} p_s(n), \quad (k = 1,...,q). \quad (72)$$

For this system the theorem proved above is true.

Theorem. The zero solution of the system of difference equations (61) with coefficients depending on the Markovian process ζ_n, defined by the system of equations (71), (72), will be asymptotically stable in the mean if the zero solution of the system of vector moment equations is asymptotically stable (50):

$$M_k(n+1) = \sum_{s=1}^{q} \pi_{ks} A_s M_s(n), \quad (k = 1,...,q),$$

$$\dim M_k(n) = m.$$

(73)

The solution of system (67) will be asymptotically stable in the quadratic mean if the zero solution of the system of matrix equations (51) is asymptotically stable:

$$D_k(n+1) = \sum_{s=1}^{q} \pi_{ks} A_s D_s(n) A_s^*, \quad (k = 1,...,q),$$

$$\dim D_s(n) = m \times m.$$

(74)

If the coefficients of the equation system (67) depend on the q-valued Markovian process, the order m of the moment equations system (73) increases q times and the order of the equations system (74) increases q^2 times.

Example. We find conditions of stability in the mean of the solutions of the linear difference equations

$$X_{n+1} = a(\zeta_n)X_n, \quad (n = 0,1,2,...), \quad (75)$$

if ζ_n is a random Markovian process with two states $\zeta = \theta_1$, $\zeta = \theta_2$ with probabilities

$$p_k(n) = P\{\zeta_n = \theta_k\}, \quad (k = 1,2; n = 0,1,2,...),$$

which fulfill the system of difference equations

$$p_1(n+1)=(1-\lambda)p_1(n)+vp_2(n),$$
$$p_2(n+1)=\lambda p_1(n)+(1-v)p_2(n).$$

We assume for simplicity

$$a(\theta_1)=a_1\geq 0,\ a(\theta_2)=a_2\geq 0.$$

The stability of the solutions of the difference equation (75) in the mean is equal to the stability of the solutions of the difference equations system(73)

$$M_1(n+1)=(1-\lambda)a_1M_1(n)+va_2M_2(n),$$
$$M_2(n+1)=\lambda a_1M_1(n)+(1-v)a_2M_2(n),\quad (n=0,1,2,...). \tag{76}$$

We get the characteristic equation at $v=\lambda$

$$\begin{vmatrix} z-(1-\lambda)a_1 & -va_2 \\ -\lambda a_1 & z-(1-v)a_2 \end{vmatrix}=$$
$$=z^2-(1-\lambda)(a_1+a_2)z+(1-2\lambda)a_1a_2=0.$$

This equation has real solutions and the largest one to the modulus is

$$z_{max}=\frac{(1-\lambda)(a_1+a_2)}{2}+\sqrt{(1-\lambda)^2\frac{(a_1-a_2)^2}{4}+\lambda^2a_1a_2}<1,$$

if the following inequality is performed

$$(a_1+a_2)(1-\lambda)<1+a_1a_2(1-2\lambda). \tag{77}$$

The condition (77) defines the stability space of solutions of the equation (75) in the mean. If we suppose that $0<a_1\leq a_2$, then we can easily prove the inequality

$a_1 \le z_{max} \le a_2$.

While the condition $0 < a_k < 1$, $(k = 1,2)$ is true, the zero solution of system (76) is asymptotically stable however while $a_k > 1$ $(k = 1,2)$ it is unstable. The most interesting case is

$$0 < a_1 < 1 < a_2.$$

In pic.3 the hatched space is the widest space of stability at $\lambda = 1$, when the equation (75) is determined

$$X_{n+2} = a_1 a_2 X_n.$$

The crosshatched space of stability in the mean of the solutions of equation (75), is defined by inequality (77).

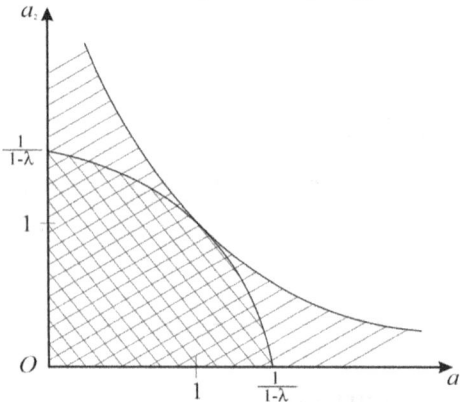

Pic. 3.

While examining the stability of the solutions of equation (75) in the quadratic mean, we get to the system of difference equations

$$D_1(n+1) = (1-\lambda)a_1^2 D_1(n) + va_2^2 D_2(n),$$
$$D_2(n+1) = \lambda a_1^2 D_1(n) + (1-v)a_2^2 D_2(n),$$

which are similar to the difference equations (76).

9. Determining Lyapunov's functions for a system of linear difference equations with random coefficients

We consider the system of linear difference equations with random Markovian coefficients

$$X_{n+1} = A(\zeta_n)X_n, \quad \det A(\zeta_n) \neq 0, \qquad (78)$$

where ζ_n is a Markovian process taking on values $\theta_1,...,\theta_q$ with probabilities

$$p_k(n) = P\{\zeta_n = \theta_k\}, \quad (k = 1,...,q),$$

satisfying the system of difference equations

$$p_k(n+1) = \sum_{s=1}^{q} \pi_{ks} p_s(n). \qquad (79)$$

<u>Definition</u>. The zero solution of the system of linear difference equations (78) is called L_2-stable if for any solution X_n of the system of equations (78) with a limited initial value $\langle \|X_0\|^2 \rangle$ the following series is convergent

$$I = \sum_{n=0}^{\infty} \langle \|X_n\|^2 \rangle. \qquad (80)$$

We remember that the symbol $\langle X \rangle$ denotes the mathematical expectation of the variable X, that is $\langle X \rangle = M\{X\}$. This definition of stability appears to be the most convenient for examining systems such as (78).

If the zero solution of system (78) is L_2 -stable, then the following condition is true

$$\lim_{n \to \infty} \left\langle \|X_n\|^2 \right\rangle = 0$$

and so the zero solution of system (78) will be asymptotically stable in the quadratic mean.

Theorem. In order to make the zero solution of the system of the linear difference equations (78) L_2 – stable it is necessary and sufficient that the matrix series

$$D = \sum_{n=0}^{\infty} D_n, \quad D_n \equiv \left\langle X_n X_n^* \right\rangle \qquad (81)$$

is convergent.

Proof. The Euclidean vector norm is used from now on

$$\|X\| = \sqrt{|x_1|^2 + \dots + |x_m|^2} .$$

Since $SpD_n = \left\langle \|X_n\|^2 \right\rangle$, the convergence of series (81) follows from the convergence of series (80).

Conversely, the convergence of series (80) follows from the convergence of the matrix series (81) by assuming the inequality

$$\left\langle x_k x_s \right\rangle \leq \frac{1}{2} \left(\left\langle x_k^2 \right\rangle + \left\langle x_s^2 \right\rangle \right).$$

We introduce a positive definite quadratic form

$$w(n, X_n) = X_n^* B_n X_n, \qquad (82)$$

which fulfills the conditions

$$\lambda_1 \|X_n\|^2 \le w(n, X_n) \le \lambda_2 \|X_n\|^2, \quad (\lambda_1 > 0), \quad (n = 0,1,2,\ldots). \qquad (83)$$

For any $N \ge 0$ the following inequalities are true

$$\lambda_1 \sum_{n=0}^{N} \left\langle \|X_n^2\| \right\rangle \le \sum_{n=0}^{N} \left\langle w(n, X_n) \right\rangle \le \lambda_2 \sum_{n=0}^{N} \left\langle \|X_n\|^2 \right\rangle,$$

with $\lambda_1 > 0$ the convergence of series (80) is equal to the convergence of the series

$$\upsilon = \sum_{n=0}^{\infty} \left\langle w(n, X_n) \right\rangle. \qquad (84)$$

So for L_2 – stability of the solution of system (78), the convergence of series (84) with a limited initial value $\left\langle \|X_0\|^2 \right\rangle$ is necessary and sufficient.

We introduce the quadratic form

$$w(n, X_n, \zeta_n) = X_n^* B_n (n, \zeta_n) X_n,$$

depending on the Markovian process ζ_n. Let the following conditions be true

$$\lambda_1 \|X_n\|^2 \le w(n, X_n, \zeta_n) \le \lambda_2 \|X_n\|^2, \quad (\lambda_1 > 0).$$

In order to ensure that the system of linear difference equations (78) is L_2 – stable, it is necessary and sufficient that with the limited initial value $\left\langle \left\| X_0 \right\|^2 \right\rangle$ the following series is convergent

$$\upsilon = \sum_{n=0}^{\infty} \left\langle w(n, X_n, \varsigma_n) \right\rangle.$$

As the Markovian process ς_n only takes the values $\theta_1, ..., \theta_q$, we introduce the symbols

$$B_s(n) \equiv B(n, \theta_s), \quad w_s(n, X) \equiv w(n, X, \theta_s), \quad (s = 1, ..., q).$$

For matrices $B_s(n)$ the following limitations are true

$$\lambda_1 E \leq B_s(n) \leq \lambda_2 E,$$
$$(\lambda_1 > 0, s = 1, ..., q; \, n = 0, 1, 2, ...)$$
$$\lambda_1 \left\| X_n \right\|^2 \leq w_s(n, X_n) \leq \lambda_2 \left\| X_n \right\|^2,$$
$$(\lambda_1 > 0, s = 1, ..., q; \, n = 0, 1, 2, ...).$$

We introduce the Lyapunov functions with the formulas [7]:

$$\upsilon(k, X) = \sum_{j=n}^{\infty} \left\langle w(j, X_j, \varsigma_j) \mid X_n = X, \varsigma_n = \theta_s \right\rangle$$

$$(s = 1, ..., q; n = 0, 1, 2, ...). \tag{85}$$

With the Lyapunov's functions $\upsilon_s(0, X)$ $(s = 1, ..., q)$ we determine the value for the series (84):

$$\upsilon = \int_{E_m} \sum_{s=1}^{q} \upsilon_s(0, X) f_s(0, X) dX, \tag{86}$$

where $f_s(0,X)$, with $(s = 1,...,q)$ are particular distribution densities of the system of random variables (X_0, ζ_0).

The functions $v_s(n,X)$, $(s = 1,...,q)$ depend only on the type of the functions $w_s(n,X)$, $(s = 1,...,q)$, on the values of the Markovian process ζ_n $(n = 0,1,2,...)$ and on the values of matrices $A_s = A(\theta_s)$, $(s = 1,...,q)$. However they do not depend on the probability distribution of the random variables.

<u>Theorem</u>. The Lyapunov functions $v_s(k,X)$ in (85) satisfy the system of functional equations

$$v_s(n,X) = w_s(n,X) + \sum_{l=1}^{q} \pi_{ls} v_l(n+1, A_s X)$$

$$(s = 1,..., q; n = 0,1,2,...). \tag{87}$$

We can easily prove the theorem.

<u>Proof</u>. We select the first components $w_s(n, X)$ from the sums (85).

With probability π_{ls} the Markovian process ζ_n goes from state θ_s to state θ_l, $(l = 1,...,q)$. So the following equalities are true

$$v_s(n,X) = w_s(n,X) +$$

$$+ \sum_{l=1}^{q} \pi_{ls} \sum_{j=n+1}^{\infty} \left\langle w(j, X_j, \zeta_j) | X_n = X, \; X_{n+1} = A_s X, \; \zeta_n = \theta_s; \; \zeta_{n+1} = \theta_l \right\rangle,$$

which are equivalent to the equation system (87).

The Lyapunov functions $v_s(n,X)$, $(s=1,...,q)$ are quadratic functions of X

$$v_s(n,X) = X^*C_s(n)X, \quad (s=1,...,q). \tag{88}$$

Substituting the expressions (88) in the equation system (87) we get the system of matrix equations for the matrices $C_s(n)$

$$C_s(n) = B_s(n) + \sum_{l=1}^{q} \pi_{ls} A_s^* C_l(n+1) A_l, \quad (s=1,...,q). \tag{89}$$

The proof of the following theorem can be found in [7].

Theorem. If the system of matrix difference equations (89) for matrices $B_s(k)$, $(s=1,...,q)$, satisfying the conditions

$$\lambda_1 E \le B_s(k) \le \lambda_2 E, \quad (\lambda_1 > 0),$$

has a limit for all $n=0,1,2,...$ positive definite solutions $C_s(n)$, $(s=1,...,q; n=0,1,2,...)$, then the zero solution of the system of difference equations (78) is L_2- stable.

We present more particular results for the system of difference equations (78) with random Markovian coefficients.

We introduce the definite quadratic form

$$w(X,\zeta) = X^*B(\zeta)X, \tag{90}$$

which fulfills the following conditions

$$\lambda_1 \|X\|^2 \leq w_s(X) \leq \lambda_2 \|X\|^2, \ (\lambda_1 > 0),$$

$$v_s(X) \equiv w(X, \theta_s), \ (s = 1,..., n).$$

These can be re-written as

$$\lambda_1 E \leq B_s \leq \lambda_2 E, \quad B_s \equiv B(\theta_s), \quad (s = 1,..., q).$$

We define the Lyapunov functions

$$v_s(n, X) \equiv X^* C_s(n) X, \quad (s = 1,..., q; n = 0,1,2,...)$$

according to the formula (85)

$$v_s(n, X) = \sum_{j=n}^{\infty} \left\langle w(X_j, \zeta_j) \mid X_n = X, \ \zeta_n = \theta_s \right\rangle$$

$$(s = 1,..., q; n = 0,1,2,...). \tag{91}$$

These functions satisfy systems of functional equations such as

$$\upsilon_s(n, X) = w_s(X) + \sum_{l=1}^{q} \pi_{ls} \upsilon_l(n+1, A_s X),$$

$$(s = 1,..., q; n = 0,1,2,...), \tag{92}$$

which are equivalent to the system of the following matrix equations

$$C_s(n) = B_s + \sum_{l=1}^{q} \pi_{ls} A_s^* C_l(n+1) A_s, \quad (s = 1,..., q). \tag{93}$$

The xistence of the positive definite solution $C_s(n), (s = 1,..., q; n = 0,1,2,...)$ of the systems of difference equations (93) are equivalent to the existence of a positive definite solution of the matrix equation system

$$C_s = B_s + \sum_{l=1}^{q} \pi_{ls} A_s^* C_l A_s, \quad B_s > 0, \quad (s = 1,...,q). \quad (94)$$

The following theorem follows from the theorem above.

Theorem. In order to ensure that the zero solution of the linear difference equation system (78) with random coefficients, depending on the Markovian process and defined by the difference equation system (79), is L_2 – stable, it is necessary and sufficient that for the symmetric matrices $B_s > 0$, $(s = 1,...,q)$ the equation system (94) has a positive definite solution $C_s > 0$, $(s = 1,...,n)$.

We consider the following homogeneous system of the matrix difference equations

$$C_j(n) = \sum_{l=1}^{q} \pi_{ls} A_s^* C_l(n+1) A_s,$$

$$(s = 1,...,q; n = 0,\pm 1,\pm 2,...).$$

(95)

Theorem. The system of difference equations (95) is the complex conjugation of the system of moment equations (74).

For the proof we use the scalar product $A \circ B$ for matrices of order $m \times m$:

$$A = \left\| a_{ks} \right\|_{k,s=1}^{m}, \quad B = \left\| b_{ks} \right\|_{k,s=1}^{m}, \quad A \circ B = \sum_{k,s=1}^{m} a_{ks} b_{ks}.$$

Using this definition we shall receive the equality

$$\sum_{j=1}^{q} D_j(n+1) \circ C_j(n+1) = \sum_{j=1}^{q}\sum_{s=1}^{q} \pi_{js} A_s D_s(n) A_s^* \circ C_j(n+1) =$$

$$= \sum_{s=1}^{q}\sum_{j=1}^{q} \pi_{js} A_s^* C_j(n+1) A_s \circ D_s(n) = \sum_{s=1}^{q} C_s(n) \circ D_s(n),$$

The proof of the theorem follows from this equation.

Thus the asymptotic stability of the solution of the system (74) for $n \to +\infty$ is equal to the asymptotic stability of the solutions of the matrix difference equations (95) for $n \to -\infty$.

We note that the L_2 – stability of the difference equations system (78) is equal to the stability of the solutions of the system (78) in the quadratic mean.

10. Criteria for stability of solutions of systems of linear difference equation systems with random coefficients

We sum the stability criteria of solutions of the system of linear difference equations

$$X_{n+1} = A(\zeta_n)X_n, \quad (n = 0,1,2,...), \qquad (96)$$

with random coefficients depending on the Markovian process ζ_n, taking on values $\theta_1,...,\theta_q$ with probabilities

$$p_k(n) = P\{\zeta_n = \theta_k\}, \quad (k = 1,...,q),$$

satisfying the system of difference equations with constant coefficients

$$p_k(n+1) = \sum_{s=1}^{q} \pi_{ks} p_s(n), \quad (k = 1,...,q).$$

In order to ensure the zero solution of difference equations (96) to be asymptotically stable, one of the following equivalent conditions is necessary and sufficient:

1. The system of matrix equations

$$C_s = B_s + \sum_{l=1}^{q} \pi_{ls} A_s^* C_l A_s, \quad (s = 1,...,q) \qquad (97)$$

for any symmetric matrices $B_s > 0$, $(s = 1,...,q)$ has a solution $C_s > 0$, $(s = 1,...,q)$.

2. The system of matrix equations (97) with any arbitrary symmetric matrices $B_s > 0$, $(s = 1,...,q)$, for example $B_s = E$ (E is the identity [unit] matrix), has a solution $C_s > 0$, $(s = 1,...,q)$.

The successive approximation method for solving the equation system (97) is convergent for any arbitrary $B_s > 0$, $(s = 1,...,q)$:

$$C_s(n) = B_s + \sum_{l=1}^{q} \pi_{ls} A_s^* C_l (n+1) A_s, \quad (n = -1,-2,-3,...),$$

$$C_s(0) = 0, \quad C_s = \lim_{n \to -\infty} C_s(n), \quad (s = 1,...,q).$$

3. The monotonic operator L in the space of $(mq) \times m$ of matrices

$$C = \begin{pmatrix} C_1 \\ C_2 \\ ... \\ C_q \end{pmatrix}, \quad LC = \begin{pmatrix} \pi_{11} A_1^* C_1 A_1 & \pi_{21} A_1^* C_2 A_1 & ... & \pi_{q1} A_1^* C_q A_1 \\ \pi_{12} A_2^* C_1 A_2 & \pi_{22} A_2^* C_2 A_2 & ... & \pi_{q2} A_2^* C_q A_2 \\ .... & .... & ... & .... \\ \pi_{1q} A_q^* C_1 A_q & \pi_{2q} A_q^* C_2 A_q & ... & \pi_{qq} A_q^* C_q A_q \end{pmatrix}$$

$$C_s = C_s^*, \quad (s = 1,...,q)$$

is compressed.

4. Any solution of the system of linear homogeneous difference equations

$$C_s(n) = \sum_{l=1}^{q} \pi_{ls} A_s^* C_l (n+1) A_s, \quad (s = 1,...,q; \; n = -1,-2,-3,...)$$

converges to a zero solution for $n \to -\infty$.

5. Any solution of the system of linear homogeneous difference equations

$$D_j(n+1) = \sum_{s=1}^{q} \pi_{js} A_s D_s(n) A_s^*, \quad (j = 1,...,q; n = 0,1,2,...)$$

converges to a zero solution for $n \to +\infty$.

6. The system of matrix equations

$$D_j = \sum_{s=1}^{q} \pi_{js} A_s D_s A_s^* + B_j, \quad (j = 1,...,q) \tag{98}$$

for any symmetric matrices $B_j > 0$, $(j = 1,...,n)$ has a solution $D_j > 0$, $(j = 1,...,n)$.

7. The system of matrix equations (98) for any arbitrary symmetric matrices

$B_j > 0$ $(j = 1,...,q)$, for example $B_j = E$, $(j = 1,...,q$, E is the identity [unit] matrix), has a solution $D_j > 0$ $(j = 1,...,q)$.

8. The successive approximation method for solving the system of matrix equations (98) for $B_j > 0$, $(j = 1,...,q)$:

$$D_j(n+1) = \sum_{s=1}^{q} \pi_{js} A_s D_s(n) A_s^* + B_j, \quad (n = 0,1,2,...),$$

$$D_j(0) = 0, \quad D_j = \lim_{n \to +\infty} D_j(n), \quad (j = 1,...,q)$$

is convergent.

9. The monotonic operator L^* in the space of $(mq) \times m$ of matrices

$$D = \begin{pmatrix} D_1 \\ D_2 \\ ... \\ D_q \end{pmatrix},$$

$$L^*D = \begin{pmatrix} \pi_{11}A_1D_1A_1^* & \pi_{12}A_2D_2A_2^* & ... & \pi_{1q}A_qD_qA_q^* \\ \pi_{21}A_1D_1A_1^* & \pi_{22}A_2D_2A_2^* & ... & \pi_{2q}A_qD_qA_q^* \\ .... & .... & ... & .... \\ \pi_{q1}A_1D_1A_1^* & \pi_{q2}A_2D_2A_2^* & ... & \pi_{qq}A_qD_qA_q^* \end{pmatrix}$$

$$D_j = D_j^* \quad (j = 1,...,q)$$

is dense.

10. For stability in the quadratic mean of the solutions of the system of difference equations (96) it is sufficient that for any arbitrary symmetric matrices $C_s > 0$, $(s = 1,...,q)$ the following inequality is true

$$C_s - \sum_{l=1}^{q} \pi_{ls}A_s^*C_lA_s > 0, \quad (s = 1,...,q).$$

It is also sufficient that for any arbitrary symmetric matrix $D_j > 0$, $(j = 1,...,q)$ the following inequality is true

$$D_j - \sum_{s=1}^{q} \pi_{ls}A_sD_sA_s^* > 0, \quad (j = 1,...,q).$$

Example. We shall find the stability conditions in the quadratic mean of the solutions of the difference equation

$$x_{n+1} = a(\zeta_n)x_n, \quad (n = 0,1,2,...),$$
$$a(\theta_s) = a_s, \quad (s = 1,2), \tag{99}$$

where ζ_n is a Markovian process, which takes two states θ_1, θ_2 with probabilities $p_1(n), p_2(n)$, satisfying the following system of difference equations

$$p_1(n+1) = (1-\lambda)p_1(n) + vp_2(n),$$
$$p_2(n+1) = \lambda p_1(n) + (1-v)p_2(n),$$
$$0 < \lambda < 1, \quad 0 < v < 1.$$

The zero solution of equation (99) will be asymptotically stable in the quadratic mean if the solutions of the characteristic equation

$$\Delta(z) = \begin{vmatrix} z - (1-\lambda)a_1^2 & -\lambda a_1^2 \\ -va_2^2 & z - (1-v)a_2^2 \end{vmatrix} = 0$$

are less than one to the modulus. The border of the instability space is defined by the equation $\Delta(1) = 0$. The space of asymptotic stability is defined by the following inequalities

$$(1-\lambda)a_1^2 + (1-v)a_2^2 < 1 - (1-\lambda-v)a_1^2 a_2^2,$$
$$(1-\lambda)a_1^2 + (1-v)a_2^2 < 2.$$

Pic.4 shows the stability space depending on the sign of the expression $\mu = 1 - \lambda - v$.

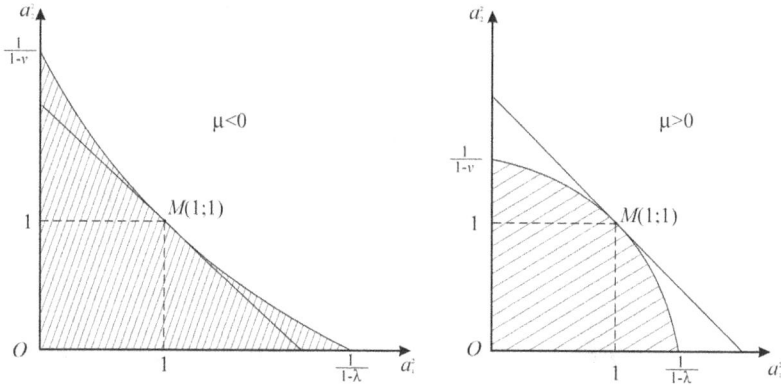

Pic. 4. Space of stability of the equation (99).

At $\mu = 0$ the space of stability is defined by the following linear inequality

$$(1 - \lambda)a_1^2 + (1 - v)a_2^2 < 1.$$

In Pic.4 the stability spaces are shaded and the borders of the stability spaces go through point $M(1;1)$.

Tasks

1. Develop the theory development of non-linear Markovian processes. Find the necessary and sufficient ergodic conditions. Find conditions for the existence of periodic solutions.

2. Find conditions of ergodicity of non-Markovian processes.

3. Find the necessary and sufficient conditions of stability in the quadratic mean of the system of difference equations

$$X_{n+1} = A(\zeta_{n+1}, \zeta_n)X_n,$$

where ζ_n is a Markovian process.

4. Develop an asymptotic method of building moment equations for the system of equations

$$X_{n+1} = \mu A(\zeta_n)X_n,$$

where μ is a small parameter [8].

5. Transfer the given results into systems of linear difference equations using difference approximation.

6. Develop rnumerical examination methods for difference equations with random Markovian coefficients.

Literature

1. Feller V. Introduction into the theory of probability and its application. – M.: Mir, 1984, v.1.–527 p.
2. Marshall A., Olkin N., Inequalities: theory of majorization and its applications. – M.: Mir, 1983. – 576 p.
3. Tihonov V.N., Mironov M.A., Markovian Processes. – M.: Sv. radio, 1977. – 488 p. Valeev K.G., Stryzhak O.L. Method of moment equations.– Preprint – 467 IED AS USSR, Kiev, 1986. – 56 p.
4. Bellman R. Introduction into the matrix theory. – M.: "Nauka", 1969. – 368 p.
5. Valeev K.G., Finin G.S. Building of Lyapunov functions. – Kiev: Nauk. dumka, 1981. – 412 p.
6. Valeev K.G., Karelova O.L., Gorelov V.N. Optimization of linear systems with random coefficients. – M.: Publishing House of Russian University of Peoples Friendship, 1996. – 258 p.
7. Stryzhak T.G. Assymptotic method of normalization. –Kiev: Vyshcha shkola, 1984.–280 p.

Ассоциация Украинских стипендиатов DAAD
(AUS DAAD)
Национальный комитет IAESTE Украины
(NC IAESTE-Ukraine)

Серия: "Современная математика для инженеров"

Разностные уравнения

со случайными

коэффициентами

Профессор НТУУ "КПИ"
Тамара Стрижак

Решение и исследование устойчивости линейных разностных уравнений со случайными марковскими коэффициентами

Профессор НТУУ «КПИ»
Тамара Стрижак

Серия лекций по современным разделам математики для иностранных стажеров IAESTE

Исследуется устойчивость решений системы линейных разностных уравнений со случайными марковскими коэффициентами.

Введены функции Ляпунова, с помощью которых получены необходимые и достаточные условия устойчивости решений в среднем квдратичном.

Рассмотрены примеры.

Тел.: +380 44 406 83 48
E-mail: stri@aer.ntu-kpi.kiev.ua
Web-site: www.iaeste.org.ua

Введение

Излагаются известные определения случайной величины, функции распределения, плотности распределения, числовые характеристики случайных величин.

Рассматриваются марковские цепи, стохастические матрицы, стохастические операторы.

Затем рассматриваются линейные разностные уравнения со случайными марковскими коэффициентами, получены уравнения, определяющие изменение частных плотностей распределения. На основе этих уравнений выведены моментные уравнения для моментов первого и второго порядков.

Исследование устойчивости решений в среднем и среднеквадратичном сводится к исследованию устойчивости решений системы линейных разностных уравнений с постоянными коэффициентами.

Вводится функция Ляпунова для системы линейных разностных уравнений со случайными марковским коэффициентами и введены необходимые и достаточные условия устойчивости решений в среднем квадратичном системы разностных ураснений со случайными коэффициентами.

В качестве примера подробно рассмотрена устойчивость решений одного разностного уравнения со случайным марковским коэффициентом, который принимает два значения.

Содержание

1. Случайные величины

Некоторая величина называется случайной, если в результате сходных опытов может принимать разные значения. Будем различать дискретные и непрерывные случайные величины.

Пусть дискретная случайная величина X может принимать в результате опыта различные значения $x_1, ..., x_n$. Вероятность события $X = x_k$ обозначаем через p_k. Предположим, что события $X = x_k$ $(k = 1, ..., n)$ образуют полную группу событий. При этом справедливо равенство $p_1 + ... + p_n = 1$.

Законом распределения случайной величины X называется соответствие между возможными значениями x_k случайной величины и их вероятностями p_k.

Случайную величину X можно определить также функцией распределения $F(x)$ [1]

$$F(x) = P(X < x), \qquad (1)$$

где $P(A)$ обозначает вероятность события A. $F(x)$ — неубывающая функция от аргумента x: $F(-\infty) = 0$; $F(+\infty) = 1$.

Функция распределения $F(x)$ применяется для описания и дискретных и непрерывных случайных величин. Следует отметить, что функцию распределения $F(x)$ можно находить приближенно в результате экспериментов.

Пусть функция распределения $F(x)$ описывает непрерывную случайную величину X. Зная $F(x)$, можно определить вероятность попадания случайной величины в заданный интервал. Из формулы (1) находим

$$P(\alpha \le X < \beta) = F(\beta) - F(\alpha).$$

Если $F(x)$ — непрерывная и дифференцируемая функция, то можно определить вероятность попадания случайной величины X в бесконечно малый интервал $(x, x + \Delta x)$

$$P(x < X < x + \Delta x) = F(x + \Delta x) - F(x) \approx F'(x)\Delta x.$$

Функция $f(x) = F'(x)$ называется плотностью распределения случайной величины X.

Приведем некоторые свойства плотности распределения: плотность распределения $f(x) \ge 0$;

$$\int\limits_{-\infty}^{\infty} f(x)dx = 1,\ F(x) = \int\limits_{-\infty}^{x} f(x)\,dx,$$

$$P(\alpha < x < \beta) = \int\limits_{\alpha}^{\beta} f(x)\,dx .(2)$$

Если используем обобщенную функцию Дирака $\delta(x)$, такую, что

$$\delta(x) = 0 \quad (x \neq 0), \quad \delta(0) = +\infty, \quad \int_{-\infty}^{\infty} \delta(x) dx = 1,$$

то можно ввести плотность распределения дискретной случайной величины. В качестве $\delta(x)$ можно взять предел плотности распределения нормально распределенной величины

$$\delta(x) = \lim_{\sigma \to 0} \frac{1}{\sigma\sqrt{2\pi}} e^{-\frac{x^2}{2\sigma^2}}.$$

Если дискретная случайная величина X принимает значения $x_1, \ldots, x_n$ с вероятностями $p_k = P\{X = x_k\}$, то можно в качестве плотности распределения взять функцию

$$f(x) = \sum_{k=1}^{n} p_k \delta(x - x_k). \tag{3}$$

Закон распределения случайной величины определен, если заданы функция или плотность распределения.

Как доказал В.И. Зубов функцию распределения любой случайной величины можно сколь угодно точно аппроксимировать конечной суммой функций распределения нормально распределенных величин

$$f(x) = \sum_{k=1}^{N} \frac{a_k}{\sigma_k \sqrt{2\pi}} e^{-\frac{(x-m_k)^2}{2\sigma_k^2}}, \quad a_k \geq 0, \quad \sum_{k=1}^{N} a_k = 1.$$

Если дана система случайных величин $X_1, X_2, ..., X_m$, то она определяется плотностью распределения $f(x_1, x_2, ..., x_m)$, которая удовлетворяет условиям:

$$f(x_1, x_2, ..., x_m) \geq 0,$$

$$\int\limits_{-\infty}^{+\infty}\int ...\int \left(f(x_1, x_2, ..., x_m) dx_1 dx_2 ... dx_m \right) = 1.$$

Эти условия можно записать в виде

$$f(X) \geq 0, \quad \int\limits_{E_m} f(x) dX = 1, \quad dX \equiv dx_1 dx_2 ... dx_m,$$

где E_m – m-мерное пространство переменных $x_1, x_2, ..., x_m$, которые объединяем в вектор X.

Если D – произвольная замкнутая область в пространстве E_m, то $P\{X \in D\} = \int\limits_{D} f(X) dX$.

2. Стохастический оператор

В математическом анализе важную роль играет понятие функции. Введем аналогичные понятия для случайных величин. Случайная величина X полностью определяется плотностью распределения $f(x)$.

Определение. Оператор L, преобразующий любую функцию $f(x)$ такую, что

$$f(x) \geq 0 \quad (-\infty < x < \infty), \quad \int\limits_{-\infty}^{\infty} f(x)dx = 1$$

в аналогичную функцию $f_1(x) = Lf(x)$ такую, что

$$f_1(x) \geq 0 \quad (-\infty < x < \infty), \quad \int\limits_{-\infty}^{\infty} f_1(x)dx = 1,$$

будем называть стохастичным оператором.

Множество плотностей распределения $f(x)$ обозначаем символом S. Множество стохастичных операторов обозначаем символом L_S. Если $f(x) \in S$, и $L \in L_S$, то $Lf(x) \in S$.

Приведем простые свойства стохастических операторов.

III.   Если $L_1 \in L_S$, $L_2 \in L_S$ и $\alpha \geq 0$, $\beta \geq 0$, $\alpha + \beta = 1$, то $\alpha L_1 + \beta L_2 \in L_S$.

IV.   Если $L_1 \in L_S$, $L_2 \in L_S$, то $L_1 L_2 \in L_S$.

Простейшими примерами стохастичных операторов будут:

5. $L_1 f(x) \equiv f(x+c), \quad c = const$.

6. $L_2 f(x) \equiv f(kx) \, |k|, \quad (k \neq 0)$.

7. $L_3 f(x) \equiv f(kx+c) \, |k|, \quad (k \neq 0)$.

8. Если $y = \psi(x)$ – непрерывная и дифференцируемая функция такая, что $\psi(-\infty) = -\infty$, $\psi(+\infty) = +\infty$, $\psi'(x) > 0$ $(-\infty < x < \infty)$, то имеем стохастичный оператор

$$L_4 f(x) \equiv f(\psi(x))\psi'(x). \tag{4}$$

Поскольку предыдущие стохастичные операторы можно рассматривать как частные случаи оператора (4), то докажем стохастичность оператора (4). Действительно из условия $f(x) \geq 0$ следует справедливость неравенства $f(\psi(x))\psi'(x) \geq 0$. При замене $y = \psi(x)$ получим равенство

$$\int\limits_{-\infty}^{\infty} f(\psi(x))\psi'(x)dx = \int\limits_{-\infty}^{\infty} f(y)dy = 1,$$

что доказывает стохастичность оператора L_4.

Для системы m случайных величин $X_1, ..., X_m$ с плотностью распределения $f(X) = f(x_1, ..., x_m)$ в качестве стохастичного оператора при $\det A \neq 0$ можно взять оператор

$$L_5 f(X) = f(AX + B) \; |\det A|, \; \dim A = m \times m, \; \dim B = m.$$

(5)

Действительно, при замене $Y = AX + B$ получим равенство

$$\int_{E_m} f(AX + B) \cdot |\det A| dX = \int_{E_m} f(Y) dY = 1,$$

которая доказывает стохастичность оператора L_5.

Если L – стохастичный оператор, $f(X)$ – плотность распределения, то

$$\int_{E_m} Lk \, f(X) dX = k \int_{E_m} Lf(X) dX = k, \; Lf(X) \ge 0.$$

3. Числовые характеристики случайной величины

Случайная величина X полностью определена, если известен ее закон распределения. Однако для реальных случайных величин закон распределения неизвестен и его невозможно точно установить в результате эксперимента. Поэтому на практике для описания случайных величин используют некоторые теоретические законы распределения, а также некоторые числовые величины, несущие определенную информацию о законах распределения. Обычно используют следующие числовые характеристики: математическое ожидание m_x случайной величины X и её дисперсию D_x.

Если дискретная случайная величина X принимает значения $x_1, x_2, ..., x_n$ с вероятностями $p_1, p_2, ..., p_n$, то полагают

$$m_x = \sum_{k=1}^{n} p_k x_k,$$

$$D_k = \sum_{k=1}^{n} p_k \left(x_k - m_x \right)^2. \qquad (5)$$

Приведем механический смысл математического ожидания и дисперсии дискретной случайной величины. Пусть на числовой оси x в точках с координатами $x_1, ..., x_n$ расположены материальные точки с массами $p_1, ..., p_n$, имеющими общую массу, равную единице. Тогда величина m_x является координатой центра тяжести системы материальных точек, а величина D_x – моментом инерции.

Величина D_x определяет разброс значений случайной величины X. Поскольку для случайных величин, имеющих физический смысл, размерности величин D_x и x_k не совпадают, то для удобства сравнения вводится величина

$$\sigma_x = \sqrt{D_x},$$

которая называется среднеквадратичным отклонением.

Для непрерывно распределенной случайной величины X с плотностью распределения $f(x)$ математическое ожидание m_x и дисперсия D_x определяется по формулам

$$m_x = \int\limits_{-\infty}^{\infty} f(x)x\,dx, \quad D_x = \int\limits_{-\infty}^{\infty} f(x)(x - m_x)^2\,dx. \quad (6)$$

В общем случае под математическим ожиданием $\langle \varphi(X) \rangle \equiv \mathrm{M}[\varphi(X)]$ от дискретной случайной величины X понимают число

$$\langle\varphi(X)\rangle \equiv \mathrm{M}[\varphi(X)] = \sum_{k=1}^{n} p_k \varphi(x_k), \qquad (7)$$

а для непрерывно распределенной случайной величины X

$$\langle\varphi(X)\rangle \equiv \mathrm{M}[\varphi(X)] = \int_{-\infty}^{\infty} f(x)\varphi(x)dx. \qquad (8)$$

При этом формулы (5) могут быть записаны в виде

$$m_x = \langle X\rangle = \mathrm{M}[X], \quad D_x = \langle(X - m_x)^2\rangle = \mathrm{M}[(X - m_x)^2]. \qquad (9)$$

В общем случае используются числовые характеристики-моменты случайной величины.

Начальным моментом порядка s непрерывной случайной величины X называется величина

$$v_s = \langle X^s\rangle = \int_{-\infty}^{\infty} f(x)x^s dx. \qquad (10)$$

Обычно считают, что $s = 0,1,2,...$, однако в общем случае показатель s можно считать произвольным числом.

Центральным моментом порядка s непрерывной случайной величины X называется величина

$$\mu_s = \langle(X - m_x)^s\rangle = \int_{-\infty}^{\infty} f(x)(x - m_x)^s dx. \qquad (11)$$

Очевидно, что математическое ожидание m_x является начальным моментом первого порядка, а дисперсия D_x является центральным моментом второго порядка.

Все центральные моменты легко можно выразить через начальные и обратно. Так для дисперсии получим формулу

$$D_x = \mu_2 = \int\limits_{-\infty}^{\infty} f(x)\left(x^2 - 2m_x \cdot x + m_x^2\right)dx = v_2 - (v_1)^2,$$

или в общем случае

$$D_x = \left\langle X^2 \right\rangle - \left\langle X \right\rangle^2. \tag{12}$$

Рассмотрим систему случайных величин $X_1,...,X_m$ с плотностью распределения $f(X)$. Вектор математических ожиданий находится по формуле

$$\mathrm{M} \equiv \left\langle X \right\rangle = \int\limits_{E_m} X f(X)dX. \tag{13}$$

Матрица вторых моментов определяется формулой

$$D \equiv \left\langle XX^* \right\rangle = \int\limits_{E_m} XX^* f(X)dX, \tag{14}$$

где X^* – транспонированный вектор X. Имеем равенство

$$XX^* = \begin{pmatrix} x_1 \\ \ldots \\ x_m \end{pmatrix} (x_1 \ldots x_m) = \begin{pmatrix} x_1 x_1 & \ldots & x_1 x_m \\ \ldots & \ldots & \ldots \\ x_m x_1 & \ldots & x_m x_m \end{pmatrix}.$$

Рассмотрим изменение моментов случайных величин при использовании стохастического оператора.

Пусть X – непрерывная случайная величина с плотностью распределения $f(x)$. Рассмотрим другую случайную величину $Y = aX$ $(a > 0)$ с плотностью распределения $f_1(y)$. Обозначим через $F(x)$, $F_1(y)$ функции распределения

$$F(x) = \int_{-\infty}^{x} f(x)dx, \quad F_1(y) = \int_{-\infty}^{y} f_1(y)dy.$$

Имеем равенство

$$\int_{-\infty}^{y} f_1(y)dy = P\{Y < y\} = P\{aX < y\} = P\{X < a^{-1}y\} = \int_{-\infty}^{a^{-1}y} f(x)dx$$

Дифференцируя полученное равенство по y, получим равенство

$$f_1(y) = f\left(a^{-1}y\right) \ a^{-1}. \tag{15}$$

Пусть система случайных величин $X_1, \ldots, X_m$ имеет плотность распределения $f(X)$,

$X = \left(x_1, \ldots, x_m\right)^*$. Рассмотрим другую систему случайных величин $Y_1, \ldots, Y_m$ такую, что

$$Y_k = \sum_{s=1}^{m} a_{ks} X_s \quad \left(k = 1, \ldots, m\right) \qquad (16)$$

с плотностью распределения $f_1(Y)$, $Y = \left(y_1, \ldots, y_m\right)^*$. При этом имеем равенства

$$f_1(Y) = f\left(A^{-1}Y\right) \left|\det A^{-1}\right|, \quad A = \left\|a_{ks}\right\|_1^m. \qquad (17)$$

Аналогично, если

$$Y_k = \sum_{k=1}^{m} a_{ks} X_s + b_k \quad \left(k = 1, \ldots, m\right),$$

то плотность распределения системы $Y_1, \ldots, Y_m$ имеет вид

$$f_1(Y) = f\left(A^{-1}(Y - B)\right) \left|\det A^{-1}\right|, \quad B^* = \left(b_1, \ldots, b_m\right). \qquad (18)$$

4. Марковские цепи

Марковская цепь является одним из самых простых случайных процессов. Случайным процессом называется случайная величина, зависящая от параметра.

Рассмотрим последовательность случайных величин $\zeta(n)$ $(n = 0,1,2,...)$, каждая из которых может принимать q различных значений $\theta_1,...,\theta_q$ с вероятностями

$$p_k(n) = P\{\zeta(n) = \theta_k\} \quad (k = 1,...,q).$$

Объединим вероятности $p_1(n),...,p_q(n)$ в один вектор

$$P(n) = \begin{pmatrix} p_1(n) \\ .... \\ p_q(n) \end{pmatrix}, \quad p_k(n) \ge 0, \quad \sum_{k=1}^{q} p_k(n) = 1.$$

Пусть вектор $P(n+1)$ определяется через вектор $P(n)$ по формуле

$$P(n+1) = S(P(n)) \quad (n = 0,1,2,...). \tag{19}$$

Последовательность $P(0), P(1), P(2),...$ называется марковской цепью. Вектор-функция $R = S(P)$ является стохастическим оператором.

В простейшем случае преобразование (19) является линейным и однородным

$$P(n+1) = \Pi P(n). \tag{20}$$

Матрица П называется стохастической. Если

$$\Pi = \begin{pmatrix} \pi_{11} & \pi_{12} & ... & \pi_{1q} \\ \pi_{21} & \pi_{22} & ... & \pi_{2q} \\ ... & ... & ... & ... \\ \pi_{q1} & \pi_{q2} & ... & \pi_{qq} \end{pmatrix},$$

то элементы π_{ks} матрицы П являются условиями вероятности перехода из состояния $\zeta_n = \theta_s$ в состояние $\zeta_{n+1} = \theta_k$

$$\pi_{ks} = P\left\{\zeta_{n+1} = \theta_k \mid \zeta_n = \theta_s\right\} \quad (k, s = 1, ..., q).$$

Легко доказывается теорема.

Теорема. Для того, чтобы линейное преобразование (20) любой случайный вектор $P(n)$ преобразовывало в некоторый случайный вектор $P(n+1)$ необходимо и достаточно, чтобы элементы π_{ks} матрицы П удовлетворяли условиям:

$$\pi_{ks} \geq 0, \quad \sum_{k=1}^{q} \pi_{ks} = 1 \quad (k, s = 1, ..., q). \qquad (21)$$

При этом матрица П называется стохастической.

Поскольку справедливы равенства

$$P(1) = \Pi P(0); \quad P(2) = \Pi P(1) = \Pi^2 P(0);$$
$$P(3) = \Pi P(2) = \Pi^3 P(0); ...,$$

то общее решение системы линейных разностных уравнений (20) можно записать в виде

$$P(n) = \Pi^n P(0), \quad (n = 0, 1, 2, ...). \qquad (22)$$

Асимптотическое поведение вектора $P(n)$ при $n \to \infty$ зависит от собственных чисел и собственных векторов матрицы Π. Все проблемы связанные с марковской цепью (20) легко решаются, если известно общее решение системы разностных уравнений (20). Марковские цепи, для которых существует предел $\lim P(n)$ при $n \to +\infty$, не зависящий от начального значения $P(0)$, называются эргодическими.

В общем случае можно судить о спектре стохастической матрицы, пользуясь результатами Фробениуса-Перрона [1, 2].

Теорема. Если Π – стохастическая матрица, т.е. имеет неотрицательные элементы π_{ks} $(k, s = 1,..., q)$ и сумма всех элементов в каждом столбце равна единице, то все собственные числа матрицы лежат в единичном круге $|z| \le 1$. При этом матрица Π всегда имеет собственное число $\rho = 1$, которому соответствует вектор с неотрицательными проекциями. Если матрица Π имеет комплексное собственное число ρ, равное по модулю единице, то оно может быть лишь корнем k-той степени из единицы, т.е.

$$\rho = \sqrt[k]{1} = \cos\varphi_k + i\sin\varphi_k, \text{ где } k \le q, \ \varphi_k = \frac{2\pi}{k}.$$

Если элементы стохастической матрицы Π положительны, то матрица Π имеет простое собственное число $\rho = 1$, которому соответствует собственный вектор с положительными проекциями. При этом все остальные собственные числа матрицы Π по модулю меньше единицы.

Замечание. Если все элементы стохастической матрицы Π положительны, то марковская цепь

$$P(n+1) = \Pi P(n)$$

всегда является эргодической. При этом независимо от начального значения $P(0)$ существует предел

$$\lim_{n\to\infty} P(n) = P_\infty,$$

где P_∞ – вектор с положительными проекциями является собственным вектором матрицы Π, соответствующим простому собственному числу $\rho = 1$ [5].

Пример. Рассмотрим марковскую цепь, описывающую последовательность бросания монеты. Обозначим через θ_1 выпадение герба, через θ_2 выпадение цифры. Предполагая, что вероятности

$$P\{\zeta(n) = \theta_1\} = P\{\zeta(n) = \theta_2\} = \frac{1}{2}$$

получим стохастическую матрицу переходных вероятностей

$$\Pi = \begin{pmatrix} \dfrac{1}{2} & \dfrac{1}{2} \\ \dfrac{1}{2} & \dfrac{1}{2} \end{pmatrix}.$$

Марковская цепь

$$P(n+1) = \Pi P(n) \quad (n = 0,1,2,\ldots)$$

будет эргодичной, поскольку все элементы стохастической матрицы Π положительны. Матрица Π имеет собственные числа $\lambda_1 = 1$, $\lambda_2 = 0$.

Пусть $P(0)$ – произвольный случайный вектор. Получим:

$$P(1) = \begin{pmatrix} \dfrac{P_1(0) + P_2(0)}{2} \\ \dfrac{P_1(0) + P_2(0)}{2} \end{pmatrix} = \begin{pmatrix} \dfrac{1}{2} \\ \dfrac{1}{2} \end{pmatrix}, \quad P(2) = \begin{pmatrix} \dfrac{1}{2} \\ \dfrac{1}{2} \end{pmatrix},$$

$$P(3) = \begin{pmatrix} \dfrac{1}{2} \\ \dfrac{1}{2} \end{pmatrix}, \ldots.$$

Пример. Рассмотрим случайные блуждания точки, которая может принимать три состояния. Из состояния II точка с вероятностью $\dfrac{1}{2}$ может перейти в состояние I или III. Из состояния I точка с вероятностью q переходит в состояние II и с вероятностью $p = 1 - q$ переходит снова в состояние I. Из состояния III точка с вероятностью q переходит в состояние II или с вероятностью $p = 1 - q$ остается в состоянии III (рис. 1).

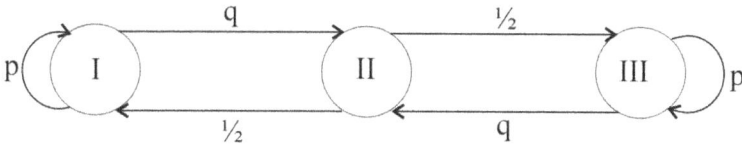

Рис. 1.

Составим соответствующую стохастическую матрицу

$$\Pi = \begin{pmatrix} p & 0{,}5 & 0 \\ q & 0 & q \\ 0 & 0{,}5 & p \end{pmatrix}.$$

Эта матрица имеет собственные числа

$$z_1 = 1, \quad z_2 = p, \quad z_3 = -q = p - 1.$$

Соответствующая марковская цепь будет эргодической при $0 < p < 1$ и не будет эргодической если $p = 0$ или $p = 1$.

Для развития интуиции рассмотрим более подробно цепь Маркова с двумя состояниями

$$p_1(n+1) = (1-\lambda)\, p_1(n) + v p_2(n),$$
$$p_2(n+1) = \lambda p_1(n) + (1-v)\, p_2(n), \tag{23}$$

где $0 \le \lambda \le 1$, $0 \le v \le 1$. Пусть случайный процесс $\zeta(n)$ принимает значение θ_1 с вероятностью $P_1(n)$ и принимает значение θ_2 с вероятностью $P_2(n)$

$$p_k(n) = P\{\zeta_n = \theta_k\} \quad (k = 1,2). \tag{24}$$

Стохастическая матрица

$$\Pi = \begin{pmatrix} 1-\lambda & v \\ \lambda & 1-v \end{pmatrix}$$

имеет собственные числа $z_1 = 1$, $z_2 = 1 - \lambda - v$. Поэтому при $0 < \lambda + v < 2$ марковская цепь будет эргодической. Предельные вероятности можно найти из системы уравнений

$$\left. \begin{array}{l} p_1 = (1-\lambda)\, p_1 + v p_2 \\ p_2 = \lambda p_1 + (1-v)\, p_2 \end{array} \right\} \Rightarrow \lambda p_1 = v p_2,$$

откуда находим предельные вероятности

$$p_1 = \frac{v}{\lambda + v}, \quad p_2 = \frac{\lambda}{\lambda + v}.$$

При $\lambda = 0$ случайный процесс $\zeta(n)$, попав в первое состояние θ_1, остается в нем постоянно.

Если $\lambda = 1$, то случайный процесс, попав в первое состояние, сразу переходит во второе. Аналогично поведение случайного процесса, попавшего во второе состояние при $v = 0$, $v = 1$.

Найдём математическое ожидание $\langle T \rangle$ времени Т пребывания случайного процесса $\zeta(n)$ в состоянии θ_1. Для каждого значения $T_n = n,\ (n = 1,2,3)$ найдём соответствующую вероятность перехода в состояние θ_2, предположив, что во все предшествующие моменты времени $T = 1,2,...,n-1$ случайный процесс $\zeta(n)$ находится в состоянии θ_1. Получим

$$T_1 = 1, \quad p_1 = \lambda,$$
$$T_2 = 2, \quad p_2 = (1-\lambda)\lambda,$$
$$T_3 = 3, \quad p_3 = (1-\lambda)^2 \lambda, \quad .....$$
$$T_n = n, \quad p_n = (1-\lambda)^{n-1} \lambda.$$

Для математического ожидания времени пребывания в первом состоянии находим выражение

$$\langle T \rangle = \sum_{n=1}^{\infty} n \cdot \lambda (1-\lambda)^{n-1} = \frac{1}{\lambda}.$$

Аналогично получим математическое ожидание времени пребывания во втором состоянии, находим выражение $\langle T \rangle = \dfrac{1}{\nu}$.

Марковскую цепь (23) можно моделировать на ЭВМ при $0 < \lambda < 1$, $0 < \nu < 1$ с помощью генератора случайных чисел, равномерно распределенных на отрезке $[0;1]$. Пусть случайный процесс $\zeta(n)$ находится в первом состоянии θ_1. Используя генератор случайных чисел, находим случайное число X. Если $0 \le X < \lambda$, то случайный процесс $\zeta(n+1)$ переходит во второе состояние θ_2. Если $\lambda \le X \le 1$, то случайный процесс $\zeta(n+1)$ остается в первом состоянии θ_1.

Аналогично осуществляется переход $\zeta(n)$ в $\zeta(n+1)$ в случае, когда случайный процесс $\zeta(n)$ попал во второе состояние θ_2.

Если $\lambda > 0$, $\lambda \approx 0$, то случайный процесс $\zeta(n)$ при попадании в первое состояние θ_1 будет долго в нем оставаться в течении времени T, $\langle T \rangle = \lambda^{-1}$. При $v > 0$, $v \approx 0$ случайный процесс $\zeta(n)$, попав во второе состояние θ_2, будет долго в нем оставаться в течении времени T, $\langle T \rangle = v^{-1}$.

Если $\lambda = 1$, то случайный процесс, попав в первое состояние, сразу переходим во второе. Аналогично при $v = 1$ случайный процесс, попав во второе состояние, сразу переходит в первое состояние.

В заключения раздела рассмотрим пример нелинейной марковской цепи.

<u>Пример</u>. Пусть случайный вектор $P(n)$ определен системой разностных уравнений

$$\begin{cases} p_1(n+1) = p_1(n)\left(1 - p_1^2(n) - p_2^2(n)\right) + p_2(n)\left(p_1^2(n) + p_2^2(n)\right), \\ p_2(n+1) = p_1(n)\left(p_1^2(n) + p_2^2(n)\right) + p_2(n)\left(1 - p_1^2(n) - p_2^2(n)\right). \end{cases}$$

(25)

Легко можно убедиться, что при выполнении условий

$$p_1(n) \ge 0, \quad p_2(n) \ge 0, \quad p_1(n) + p_2(n) = 1$$

аналогичные условия будут выполняться при замене n на $n+1$. Исключим $p_2(n)$ и получим разностное уравнение

$$p_1(n+1) = 1 - 3p_1(n) + 6p_1^2(n) - 4p_1^3(n).$$

Эту зависимость можно представить графически на рис. 2.

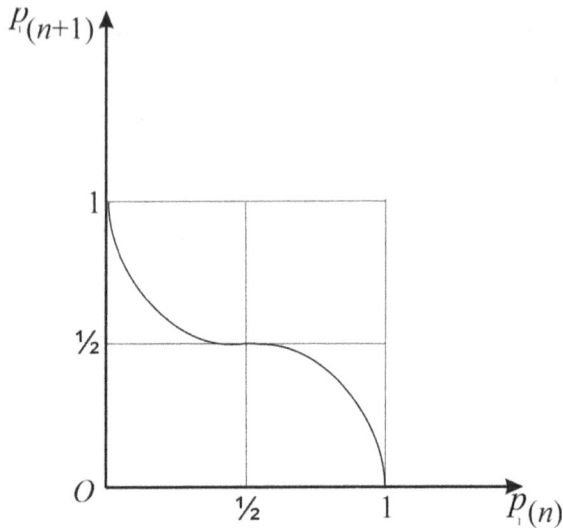

Рис. 2.

Точка $p_1(n) = \dfrac{1}{2}$ – неподвижная. После замены

$$p_1(n) = \frac{1}{2} + x(n)$$

приходим к разностному уравнению

$$x(n+1) = -4x^3(n),$$

которое имеет асимптотически устойчивое решение $x(n) = 0$.

Можно сделать вывод, что нелинейный марковский процесс (25) – эргодический при $0 < p_1(n) < 1$, $0 < p_2(n) < 1$ и при этом имеем предельные соотношения

$$\lim_{n \to \infty} p_1(n) = \frac{1}{2}, \quad \lim_{n \to \infty} p_2(n) = \frac{1}{2}.$$

При $p_1(0)=0$ или $p_1(0)=1$ получим периодическое решение с периодом равным 2.

5. Марковские непрерывные цепи

Рассмотрим последовательность векторных непрерывных случайных величин $X_1(n),...,X_m(n)$ с плотностью распределения $f(n, x_1,..., x_m) \equiv f(n, X)$. Эта последовательность образует марковский случайный процесс, если

$$f(n+1, X) = L\, f(n, X), \quad (n = 0,1,2,...), \qquad (26)$$

где L – стохастический оператор.

Рассмотрим последовательность случайных векторов X_n, удовлетворяющих системе разностных уравнений

$$X_{n+1} = A X_n, \quad (\det A \neq 0). \qquad (27)$$

Вектор X_n имеет плотность распределения $f(n, X)$.

Пусть $f(n+1, X) = L\, f(n, X)$. Из системы разностных уравнений находим оператор L

$$L\, f(n, X) \equiv f(n, A^{-1}X)\big|\det A^{-1}\big|$$

и получим марковскую цепь для непрерывных векторных случайных величин

$$f(n+1, X) = f(n, A^{-1}X)\big|\det A^{-1}\big|. \qquad (28)$$

Введем первые и вторые моменты векторной случайной величины X_n

$$M(n) = \langle X_n \rangle = \int\limits_{E_m} X\, f(n, X)\, dX$$

$$D(n) = \langle X_n X_n^* \rangle = \int_{E_m} XX^* f(n, X) dX.$$

Из формулы (28) находим с помощью замены $A^{-1}X = Y$ систему моментных уравнений

$$M(n+1) = \int_{E_m} X f(n+1, X) dX = \int_{E_m} X f(n, A^{-1}X) \left| \det A^{-1} \right| dX =$$

$$= \int_{E_m} AY f(n, Y) dY = AM(n)$$

;

$$D(n+1) = \int_{E_m} XX^* f(n+1, X) dX =$$

$$= \int_{E_m} AYY^* A^* f(n, Y) dY = AD(n) A^*.$$

Полученные системы разностных уравнений

$$M(n+1) = AM(n), \quad D(n+1) = AD(n) A^* \qquad (29)$$

можно найти непосредственно из системы разностных уравнений для случайного вектора X_n и случайной матрицы $X_n X_n^*$:

$$X_{n+1} = AX_n, \quad X_{n+1} X_{n+1}^* = AX_n X_n^* A^*,$$

используя операцию отыскания математического ожидания.

Перейдем к рассмотрению системы дискретной случайной величины $\zeta(n)$ и системы непрерывных случайных величин $X_1(n),...,X_m(n)$.

Пусть ζ_n принимает значения $\theta_1,...,\theta_q$ с вероятностями

$$p_k(n) = P\{\zeta_n = \theta_k\}, \quad (k = 1,...,q).$$

Пусть ζ_n не зависит от $X_1(n),...,X_m(n)$. Введем условные вероятности

$$f(n,x_1,...,x_m \mid \zeta_n = \theta_k) = f(n,X \mid \zeta_n = \theta_k).$$

Плотность распределения случайных величин $X_1(n),...,X_m(n)$ обозначим через $f(n,X)$. По теореме о полной вероятности получим равенство

$$f(n,X) = \sum_{k=1}^{q} f(n,X \mid \zeta_n = \theta_k) \cdot P\{\zeta_n = \theta_k\} =$$

$$= \sum_{k=1}^{q} f(n,X \mid \zeta_n = \theta_k) p_k(n)$$

Плотность распределения случайных величин ζ_n, $X_1(n),...,X_m(n)$ можно записать в виде

$$f(n,X,\zeta) = \sum_{k=1}^{q} f_k(n,X)\delta(\zeta - \theta_k),$$

$$f_k(n,X) \equiv f(n,X \mid \zeta_n = \theta_k) p_k(n).$$

Функции

$$f_k(n,X) \equiv f(n,X \mid \zeta_n = \theta_k) \cdot P\{\zeta_n = \theta_k\}, \quad (k = 1,...,q) \quad (30)$$

будем называть частными плотностями распределения, поскольку они являются частью плотности распределения $f(n,X)$:

$$f(n,X) = \sum_{k=1}^{q} f_k(n,X), \quad \langle f_k(n,X) \rangle = p_k(n). \quad (31)$$

Частные плотности распределения ранее вводились в работе [3].

Вводим вектор частных плотностей распределения

$$F(n,X) = \begin{pmatrix} f_1(n,X) \\ \ldots\ldots\ldots \\ f_q(n,X) \end{pmatrix}, \quad (32)$$

который полностью определяет систему случайных величин ζ_n, $X_1(n),...,X_m(n)$. Если используем первые и вторые моменты

$$M(n) = \langle X_n \rangle = \int_{E_m} Xf(n,X) = \sum_{k=1}^{q} \int_{E_m} Xf_k(n,X)dX,$$

$$D(n) = \langle X_n X_n^* \rangle = \int_{E_m} XX^* f(n,X)dX = \sum_{k=1}^{q} \int_{E_m} XX^* f_k(n,X)dX$$

,

то величины

$$M_k(n) = \int_{E_m} Xf_k(n,X)dX, \quad (k=1,...,q)$$

$$D_k(n) = \int_{E_m} XX^* f_k(n,X)dX$$

называем частными первыми и вторыми моментами.

Пусть П – стохастическая матрица с элементами π_{ks}

$$\Pi = \left\| \pi_{ks} \right\|_1^q.$$

Введем марковскую непрерывную цепь по формуле

$$F(n+1,X) = \begin{pmatrix} \pi_{11}L_{11} & \pi_{12}L_{12} & \dots & \pi_{1q}L_{1q} \\ \pi_{21}L_{21} & \pi_{22}L_{22} & \dots & \pi_{2q}L_{2q} \\ \dots\dots & \dots\dots & \dots & \dots\dots \\ \pi_{q1}L_{q1} & \pi_{q2}L_{q2} & \dots & \pi_{qq}L_{qq} \end{pmatrix} F(n,X), \qquad (33)$$

где L_{ks} $(k,s=1,2,...,q)$ – стохастические операторы.

Теорема. Преобразование (33) преобразует произвольный вектор частных плотностей распределения $F(n,X)$ в некоторый вектор частных плотностей распределения $F(n+1,X)$.

Доказательство. Вектор $F(n,X)$ (32) будет вектором частных плотностей распределения, если выполнены условия

$$f_k(n,X) \geq 0, \quad (k=1,...,q), \quad \int\limits_{E_m} \sum_{k=1}^q f_k(n,X)dX = 1. \qquad (34)$$

Из равенства (33) находим уравнение

$$f_k(n+1,X) = \sum_{s=1}^q \pi_{ks}L_{ks}f_s(n,X), \quad (k=1,...,q).$$

Поскольку $f_s(n,X) \geq 0$, $(s=1,...,q)$,
то $f_k(n+1,X) \geq 0$, $(k=1,...,q)$.

Введем стохастические операторы

$$L_s = \sum_{k=1}^{q} \pi_{ks} L_{ks} \, , \quad \left(s = 1, \ldots, q\right)$$

и преобразование (33) приводит к равенству

$$\sum_{k=1}^{q} f_k \left(n+1, X\right) = \sum_{s=1}^{q} L_s f_s \left(n, X\right),$$

из которого следует равенство (34).

Пример. Введем стохастические операторы

$$L_{ks} f\left(X\right) \equiv f\left(A_{ks}^{-1} X\right) \cdot \left| \det A_{ks}^{-1} \right|, \quad \left(k, s = 1, \ldots, q\right).$$

Преобразование (33) принимает вид

$$f_k \left(n+1, X\right) = \sum_{s=1}^{q} \pi_{ks} f_s \left(n, A_{ks}^{-1} X\right) \cdot \left| \det A_{ks}^{-1} \right|, \quad \left(k = 1, \ldots, q\right). \quad (35)$$

Умножим равенство (35) на X и проинтегрируем по всему пространству E_m. Получим систему матричных моментных уравнений

$$M_k \left(n+1\right) = \sum_{s=1}^{q} \pi_{ks} A_{ks} M_s \left(n\right), \quad \left(k = 1, \ldots, q\right). \quad (36)$$

Аналогично получим для матриц вторых моментов

$$D_k \left(n+1\right) = \sum_{s=1}^{q} \pi_{ks} A_{ks} D_s \left(n\right) A_{ks}^{*}, \quad \left(k = 1, \ldots, q\right). \quad (37)$$

6. Система линейных разностных уравнений со случайными марковскими коэффициентами

Выведем функциональные уравнения для частных плотностей распределения и моментные уравнения.

Начнем с рассмотрения наиболее простого разностного уравнения первого порядка

$$x_{n+1} = a(\zeta_n)x_n, \quad (n = 0,1,2,...), \tag{38}$$

где ζ_n – случайная марковская цепь с двумя состояниями $\zeta = \theta_1$, $\zeta = \theta_2$, которые случайная величина ζ_n принимает с соответствующими вероятностями

$$p_k(n) = P\{\zeta_n = \theta_k\}, \quad (k = 1,2),$$

удовлетворяющими системе разностных уравнений

$$\begin{aligned} p_1(n+1) &= (1-\lambda)p_1(n) + vp_2(n), \quad (0 \le \lambda \le 1,\, 0 \le v \le 1), \\ p_2(n+1) &= \lambda p_1(n) + (1-v)p_2(n). \end{aligned} \tag{39}$$

Положим

$$a(\theta_1) = a_1, \quad a(\theta_2) = a_2. \tag{40}$$

Предположим для простоты, что $a_1 > 0$, $a_2 > 0$.

Обозначим через $f_k(n,x)$, $(k = 1,2)$ частные плотности распределения случайной величины X_n, определяемой разностным уравнением

$$X_{n+1} = a(\zeta_n)X_n, \quad (n = 0,1,2,...) \tag{41}$$

и найдем частные плотности распределения $f_k(n+1, x)$ случайной величины X_{n+1}.

Рассмотрим возможные гипотезы. Случайная величина ζ_n может находиться в первом состоянии $\zeta_n = \theta_1$ и при этом величина X_n будет иметь частную плотность распределения $f_1(n, x)$. С вероятностью $(1 - \lambda)$ величина ζ_{n+1} тоже будет находиться в состоянии $\zeta_{n+1} = \theta_1$ и при этом случайная величина X_{n+1} будет иметь плотность распределения $f_1\left(n, \dfrac{x}{a_1}\right) \cdot \dfrac{1}{a_1}$. Если случайная величина ζ_n находилась во втором состоянии $\zeta_n = \theta_2$, то величина X_n имела частную плотность распределения $f_2(n, x)$. С вероятностью v величина ζ_{n+1} попадает в состояние $\zeta_{n+1} = \theta_1$ и при этом случайная величина X_{n+1} будет иметь плотность распределения $f_2\left(n, \dfrac{x}{a_2}\right) \cdot \dfrac{1}{a_2}$. Окончательно по формуле полной вероятности получим уравнение

$$f_1(n+1, x) = \frac{1 - \lambda}{a_1} f_1\left(n, \frac{x}{a_1}\right) + \frac{v}{a_2} f_2\left(n, \frac{x}{a_2}\right). \quad (42)$$

Аналогично находим другое уравнение

$$f_2(n+1,x) = \frac{\lambda}{a_1} f_1\left(n, \frac{x}{a_1}\right) + \frac{1-v}{a_2} f_2\left(n, \frac{x}{a_2}\right). \quad (43)$$

Система функциональных уравнений (42), (43) определяет изменение частных плотностей распределения. Эти функциональные уравнения сложны и не будут нами здесь рассматриваться.

Введем частные моменты первого и второго порядков

$$M_k(n) = \int\limits_{-\infty}^{\infty} x f_k(n,x)dx, \quad D_k(n) = \int\limits_{-\infty}^{\infty} x^2 f_k(n,x)dx. \quad (44)$$

Умножим уравнения (42), (43) на x и проинтегрируем по x на интервале $(-\infty, \infty)$. Используя в интегралах замены $\dfrac{x}{a_1} = y$, $\dfrac{x}{a_2} = y$, получим систему моментных уравнений

$$\begin{aligned} M_1(n+1) &= (1-\lambda)a_1 M_1(n) + va_2 M_2(n), \\ M_2(n+1) &= \lambda a_1 M_1(n) + (1-v)a_2 M_2(n). \end{aligned} \quad (45)$$

Для вторых частных моментов находим систему разностных уравнений

$$\begin{aligned} D_1(n+1) &= (1-\lambda)a_1^2 D_1(n) + va_2^2 D_2(n), \\ D_2(n+1) &= \lambda a_1^2 D_1(n) + (1-v)a_2^2 D_2(n). \end{aligned} \quad (46)$$

Рассмотрим теперь систему разностных уравнений

$$X_{n+1} = A(\zeta_n)X_n, \quad \dim X_n = m, \quad (47)$$

где ζ_n – марковская цепь, принимающая значения $\theta_1,...,\theta_q$ с вероятностями

$$p_k(n) = P\{\zeta_n = \theta_k\}, \; (k = 1,...,q).$$

Пусть вероятности $p_k(n)$ удовлетворяют системе разностных уравнений

$$p_k(n+1) = \sum_{s=1}^{q} \pi_{ks} p_s(n). \qquad (48)$$

Плотность распределения случайного решения X_n, ζ_n можно представить обобщенной функцией вида

$$f(n, \mathrm{X}, \zeta) = \sum_{k=1}^{q} f_k(n, \mathrm{X}) \delta(\zeta - \theta_k),$$

где $f_k(n, \mathrm{X})$ – частные плотности распределения

$$f_k(n, \mathrm{X}) = f(n, \mathrm{X} \mid \zeta = \theta_k) \cdot P\{\zeta = \theta_k\}.$$

Введем обозначения для частных случайных значений матрицы $A(\zeta_n)$

$$A_s = A(\theta_s), \; (s = 1,...,q).$$

При $\zeta_n = \theta_s$ система уравнений (47) принимает вид

$$\mathrm{X}_{n+1} = A_s \mathrm{X}_n$$

и частная плотность распределения $f_k(n+1, \mathrm{X})$ определяется выражением

$$f_k(n+1, \mathrm{X}) = \sum_{s=1}^{q} \pi_{ks} f_s(n, A_s^{-1}\mathrm{X}) \; \left|\det A_s^{-1}\right|, \; (k = 1,...,q). \quad (49)$$

Введём векторы частных моментов первого порядка

$$M_k(n) = \int_{E_m} X f_k(n, X) dX \, , (k = 1, ..., q)$$

и матрицы частных начальных моментов второго порядка

$$D_k(n) = \int_{E_m} XX^* f_k(n, X) dX, \quad (k = 1, ..., q).$$

Умножим уравнение (49) на вектор X и проинтегрируем по всему m-мерному фазовому пространству. Получим систему линейных разностных уравнений с постоянными коэффициентами для векторов $M_k(n)$

$$M_k(n+1) = \sum_{s=1}^{q} \pi_{ks} A_s M_s(n), \quad (k = 1, ..., q). \qquad (50)$$

Вектор первых моментов

$$M(n) = \int_{E_m} X f(n, X) dX$$

является суммой частных моментов

$$M(n) = \sum_{k=1}^{q} M_k(n), \quad f(n, X) = \sum_{k=1}^{q} f_k(n, X).$$

Аналогично, умножим каждое уравнение (49) на матрицу XX^* и проинтегрируем по всему пространству E_m. Получим систему уравнений для матриц второго порядка

$$D_k(n+1) = \sum_{s=1}^{q} \pi_{ks} A_s D_s(n) A_s^*, \quad (k=1,...,q). \qquad (51)$$

Матрица вторых моментов

$$D(n) = \int_{E_m} XX^* f(n, X) dX$$

является суммой частных моментов второго порядка

$$D(n) = \sum_{k=1}^{q} D_k(n).$$

Полученные результаты можно обобщить для системы линейных разностных уравнений вида

$$X_{n+1} = A(\zeta_{n+1}, \zeta_n) X_n, \qquad (52)$$

когда коэффициенты системы уравнений зависят от двух значений марковской цепи.

Пусть марковская цепь ζ_n определяется системой разностных уравнений (48). Введем обозначение для матричных коэффициентов

$$A(\theta_k, \theta_s) = A_{ks}, \quad (k, s = 1,...,q). \qquad (53)$$

Для частных плотностей получим систему функциональных уравнений

$$f_k(n+1, X) = \sum_{s=1}^{q} \pi_{ks} f_s(n, A_{ks}^{-1} X) \left| \det A_{ks}^{-1} \right|, \quad (k=1,...,q). \qquad (54)$$

Для моментов первого порядка имеем систему уравнений

$$M_k(n+1) = \sum_{s=1}^{q} \pi_{ks} A_{ks} M_s(n), \quad (k=1,...,q). \qquad (55)$$

Для матриц частных моментов второго порядка находим систему уравнений

$$D_k(n+1) = \sum_{s=1}^{q} \pi_{ks} A_{ks} D_s(n) A_{ks}^*, \quad (k=1,...,q). \quad (56)$$

Вектор первых моментов $M(n)$ и матрицу вторых моментов $D(n)$ можно найти как сумму частных моментов

$$M(n) = \sum_{k=1}^{q} M_k(n), \quad D(n) = \sum_{k=1}^{q} D_k(n).$$

В заключение раздела выведем моментные уравнения для неоднородной системы линейных разностных уравнений

$$X_{n+1} = A(\zeta_n)X_n + B(\zeta_n), \quad \det A(\zeta_n) \neq 0. \quad (57)$$

Предполагаем, что ζ_n – марковская цепь, принимающая q различных значений $\theta_1,...,\theta_q$ с вероятностями

$$p_k(n) = P\{\zeta_n = \theta_k\}, \quad (k=1,...,q),$$

удовлетворяющими системе разностных уравнений (48). Частные плотности распределения $f_k(n, X)$ будут удовлетворять системе функциональных уравнений

$$f_k(n+1, X) = \sum_{s=1}^{q} \pi_{ks} f_s\left(n, A_s^{-1}(X - B_s)\right) \left|\det A_s^{-1}\right|,$$

$$(k=1,...,q; \; n=0,1,2,...). \quad (58)$$

Для частных моментов первого порядка

$$M_k(n) = \int_{E_m} X f_k(n, X) dX, \quad (k = 1, ..., q)$$

получим систему разностных уравнений с постоянными коэффициентами

$$M_k(n+1) = \sum_{s=1}^{q} \pi_{ks} \left(A_s M_s(n) + B_s p_s(n) \right), \quad (k = 1, ..., q). \quad (59)$$

Для матриц частных моментов второго порядка

$$D_k(n) = \int_{E_m} XX^* f_k(n, X) dX, \quad (k = 1, ..., q)$$

получим систему разностных уравнений

$$D_k(n+1) =$$

$$= \sum_{s=1}^{q} \pi_{ks} \left(A_s D_s(n) A_s^* + A_s M_s(n) B_s^* + B_s M_s^*(n) A_s^* + B_s B_s^* p_s(n) \right),$$

$$(k = 1, ..., q).$$

$$(60)$$

Пример. Пусть имеется марковская цепь ζ_n, которая может принимать два состояния θ_1, θ_2 с вероятностями

$$p_k(n) = P\{\zeta_n = \theta_k\}, \quad (k = 1, 2),$$

которые удовлетворяют системе разностных уравнений

$$p_1(n+1) = (1 - \lambda) p_1(n) + \lambda p_2(n),$$
$$p_2(n+1) = \lambda p_1(n) + (1 - \lambda) p_2(n), \quad (0 \le \lambda \le 1). \quad (61)$$

Пусть некоторый предприниматель каждый раз когда $\zeta_n = \theta_1$ покупает акцию ценою β и продает акцию за цену β при $\zeta_n = \theta_2$. Найдем интервал возможных значений общей суммы доходов и

расходов x_n. Имеем разностное уравнение

$$x_{n+1} = x_n + b(\zeta_n), \quad b(\theta_1) = \beta_0, \quad b(\theta_2) = -\beta, \quad x_0 = 0.$$

Для первых частных моментов получим систему уравнений

$$M_1(n+1) = (1-\lambda)\left(M_1(n) + \frac{\beta}{2}\right) + \lambda\left(M_2(n) - \frac{\beta}{2}\right),$$
$$M_2(n+1) = \lambda\left(M_1(n) + \frac{\beta}{2}\right) + (1-\lambda)\left(M_2(n) - \frac{\beta}{2}\right). \tag{62}$$

Решаем эту систему с нулевыми начальными значениями $M_1(0) = M_2(0) = 0$ и находим уравнения вида (50):

$$M(n) = M_1(n) + M_2(n) \equiv 0,$$
$$M_1(n+1) - M_2(n+1) = (1-2\lambda)(M_1(n) - M_2(n) + \beta).$$

Затем находим моментные уравнения для частных моментов второго порядка (51):

$$D_1(n+1) = (1-\lambda)\left(D_1(n) + 2\beta M_1(n) + \frac{\beta^2}{2}\right) +$$
$$+ \lambda\left(D_2(n) - 2\beta M_2(n) + \frac{\beta^2}{2}\right) \quad ,$$

$$D_2(n+1) = \lambda\left(D_1(n) + 2\beta M_1(n) + \frac{\beta^2}{2}\right) +$$
$$+ (1-\lambda)\left(D_2(n) - 2\beta M_2(n) + \frac{\beta^2}{2}\right),$$

из которых находим выражение для дисперсии

$$D(n) = n\beta^2 + \frac{\beta^2}{2\lambda^2}\left(n(1-2\lambda) - (n+1)(1-2\lambda)^2 + (1-2\lambda)^{n+2}\right)$$

.

Если $\lambda = 0{,}5$, то $D(n) = n\beta^2$ и величина x_n приближенно меняется по правилу 3σ в интервале

$$-3\beta\sqrt{n} \le x_n \le 3\beta\sqrt{n}.$$

Предприниматель может дождаться времени n, когда $x_n > 0$ и прекратить на этом игру.

7. Устойчивость разностных уравнений с постоянными коэффициентами

Рассмотрим систему линейных разностных уравнений с постоянными коэффициентами

$$X_{n+1} = AX_n, \quad (n = 0,1,2,...). \qquad (63)$$

Из системы уравнений находим общее решение

$$X_n = A^n X_0, \quad (n = 0,1,2,...).$$

Нулевое решение системы (63) называется асимптотически устойчивым, если любое решение системы (63) стремится к нулю при $n \to +\infty$, т.е.

$$\lim_{n \to \infty} A^n = 0. \qquad (64)$$

Теорема. Для того, чтобы нулевое решение системы линейных разностных уравнений (63) было асимптотически устойчивым необходимо и достаточно, чтобы все собственные числа матрицы A были по модулю меньше единицы.

Отыскание собственных чисел матрицы A представляет сложную задачу. Поэтому можно на ЭВМ находить степени матрицы A по следующему алгоритму.

$$A_1 = A, \quad A_{n+1} = A_n \cdot A_n, \quad (n = 1,2,3,...).$$

Если $\lim_{n \to \infty} \|A_n\| = 0$, то нулевое решение системы уравнений (63) асимптотически устойчиво. Если

$\left\|A_n\right\| \to \infty$, то нулевое решение системы (63) неустойчиво. Условие устойчивости можно заменить неравенством $\left\|A_N\right\| < 1$. Условие неустойчивости заменяем неравенством $\left\|A_n\right\| > M$, $\left(M \approx 10^4 - 10^8\right)$. Скорость переходного процесса можно оценить через спектральный радиус матрицы

$$\rho = \max_j \left\{ \left|\lambda_j\right| \right\}, \quad (j = 1,...,m),$$

где λ_j – собственные числа матрицы A. Для отыскания спектрального радиуса можно использовать формулу

$$\rho = \lim_{n \to \infty} \sqrt[n]{\left\|A^n\right\|}. \tag{65}$$

Для отыскания ρ можно использовать следующий алгоритм.

III. Находим последовательность норм матриц

$$\sigma_1 = \left\|A\right\|, \quad A_1 = A\sigma_1^{-1},$$
$$\sigma_{n+1} = \left\|A_n A_n\right\|, \quad A_{n+1} = A_n A_n \sigma_{n+1}^{-1}.$$

Все матрицы A_n $(n = 1,2,3,...)$ имеют единичную норму.

IV. Спектральный радиус ρ вычисляем по формуле

$$\ln \rho = \lim_{n \to \infty} \left(\ln \sigma_1 + \frac{1}{2} \ln \sigma_2 + \frac{1}{4} \ln \sigma_3 + \dots + 2^{-n} \ln \sigma_{n+1} \right).$$

В качестве нормы $\|A\|$ матрицы

$$A = \|a_{ks}\|_{k,s=1}^{m}$$

можно использовать любую норму, согласованную с нормой вектора, например

$$\|A\| = \max_k \left\{ \sum_{s=1}^{m} |a_{ks}| \right\}.$$

Другой эффективный численно-аналитический способ исследования устойчивости решений системы уравнений (63) заключается в использовании функций Ляпунова [6].

Докажем теорему.

Теорема. Для того, чтобы нулевое решение системы разностных уравнений (63) было асимптотически устойчиво необходимо и достаточно, чтобы матричное уравнение для симметричной матрицы $C = C^*$

$$A^* C A - C = -B \tag{66}$$

при некоторой симметричной матрице $B = B^* > 0$ имело решение $C > 0$.

Доказательство. Условие $C > 0$ означает, что квадратичная форма $\upsilon(X) = X^* C X$ – положительно определенная. Пусть нулевое решение системы разностных уравнений (63) асимптотически устойчиво. Это означает, что

$$X_n \underset{n\to\infty}{\to} 0, \quad A^n \underset{n\to\infty}{\to} 0, \quad \left(A^*\right)^n BA^n \underset{n\to\infty}{\to} 0.$$

Исключая последовательно матрицу C из уравнения

$$C = B + A^*CA,$$

приходим к выражению для матрицы C в виде ряда

$$C = B + A^*BA + \left(A^*\right)^2 BA^2 + \left(A^*\right)^3 BA^3 + \ldots.$$

Этот ряд сходится, так как мажорируется членами убывающей геометрической прогрессии.

Введем еще одно определение устойчивости решений системы разностных уравнений (63).

Будем говорить, что система уравнений (63) L_2 – устойчива, если для любого решения X_n системы сходится ряд

$$\sum_{n=0}^{\infty} \left\|X_n\right\|^2.$$

В качестве нормы вектора $\|X\|$, $X = \left(x_1, \ldots x_m\right)^*$ берем эвклидову норму

$$\|X\|^2 = \left|x_1\right|^2 + \left|x_2\right|^2 + \ldots + \left|x_m\right|^2.$$

Для системы разностных уравнений с постоянными коэффициентами L_2 – устойчивость равносильна асимптотической устойчивости.

8. Устойчивость разностных уравнений с марковскими коэффициентами

Вводятся понятия устойчивости решений системы линейных разностных уравнений со случайными коэффициентами

$$X_{n+1} = A(\zeta_n)X_m, \quad \dim X_n = m. \qquad (67)$$

Пусть $\langle X_n \rangle = M\{X_n\}$ – математическое ожидание случайного вектора X_n.

Определение. Нулевое решение системы уравнений (67) называется асимптотически устойчивым в среднем, если для любого решения системы уравнений (67) выполнено соотношение

$$\lim_{n\to\infty} < X_n >= 0. \qquad (68)$$

Нулевое решение системы уравнений (67) называется асимптотически устойчивым в среднем квадратичном, если для любого решения X_n системы уравнений (67) выполнено соотношение

$$\lim_{n\to\infty} < X_n X_n^* >= 0. \qquad (69)$$

Теорема. Если нулевое решение системы уравнений (67) устойчиво в среднем квадратичном, то при любом $\varepsilon > 0$ выполнено соотношение

$$\lim_{n\to\infty} P\{|X_n| > \varepsilon\} = 0. \qquad (70)$$

Докажем эту теорему для одномерного случая.

$$P\{|X_n| > \varepsilon\} = \int\limits_{-\infty}^{-\varepsilon} f(n,x)\,dx + \int\limits_{\varepsilon}^{+\infty} f(n,x)\,dx = \varepsilon^{-2} \int\limits_{-\infty}^{-\varepsilon} \varepsilon^2 f(n,x)\,dx +$$

$$+\varepsilon^{-2} \int\limits_{\varepsilon}^{+\infty} \varepsilon^2 f(n,x)\,dx \le \int\limits_{-\infty}^{+\infty} x^2 f(n,x)\,dx \le \varepsilon^{-2} D(n) \underset{n\to+\infty}{\longrightarrow} 0.$$

Здесь $f(n,x)$ – плотность распределения случайной величины X_n. Теорема в общем случае доказывается аналогично.

Пусть ζ_n в системе уравнений (67) – марковская цепь, принимающая значения $\theta_1,\ldots,\theta_q$ с вероятностями

$$p_k(n) = P\{\zeta_n = \theta_k\}, \quad (k = 1,\ldots,q;\ n = 0,1,2,\ldots), \quad (71)$$

удовлетворяющими системе разностных уравнений

$$p_k(n+1) = \sum_{s=1}^{q} \pi_{ks} p_s(n), \quad (k = 1,\ldots,q). \quad (72)$$

При этом будут справедливы доказанные выше теоремы.

Теорема. Нулевое решение системы разностных уравнений (61) с коэффициентами, зависящими от марковской цепи ζ_n, определяемой системой уравнений (71), (72), будет асимптотически устойчиво в среднем, если асимптотически устойчиво нулевое решение системы векторных моментных уравнений (50):

$$M_k(n+1) = \sum_{s=1}^{q} \pi_{ks} A_s M_s(n), \quad (k=1,...,q),$$

$$\dim M_k(n) = m.$$

(73)

Решение системы (67) будет асимптотически устойчиво в среднем квадратичном, если асимптотически устойчиво нулевое решение системы матричных уравнений (51):

$$D_k(n+1) = \sum_{s=1}^{q} \pi_{ks} A_s D_s(n) A_s^*, \quad (k=1,...,q),$$

$$\dim D_s(n) = m \times m.$$

(74)

Когда коэффициенты системы уравнений (67) зависят от q-значной марковской цепи, то порядок m системы моментных уравнений (73) увеличивается в q раз, а порядок системы уравнений (74) увеличивается в q^2 раз.

Пример. Найдем условия устойчивости в среднем решений линейного разностного уравнения

$$X_{n+1} = a(\zeta_n) X_n, \quad (n = 0,1,2,...),$$ (75)

если ζ_n – случайная марковская цепь с двумя состояниями $\zeta = \theta_1$, $\zeta = \theta_2$, принимаемыми с вероятностями

$$p_k(n) = P\{\zeta_n = \theta_k\}, \quad (k=1,2; n = 0,1,2,...),$$

которые удовлетворяют системе разностных уравнений

$$p_1(n+1) = (1-\lambda)p_1(n) + vp_2(n),$$
$$p_2(n+1) = \lambda p_1(n) + (1-v)p_2(n).$$

Предполагаем для простоты изложения

$$a(\theta_1) = a_1 \geq 0, \; a(\theta_2) = a_2 \geq 0.$$

Устойчивость решений разностного уравнения (75) в среднем равносильна устойчивости решений системы разностных уравнений вида (73)

$$M_1(n+1) = (1-\lambda)a_1M_1(n) + va_2M_2(n),$$
$$M_2(n+1) = \lambda a_1M_1(n) + (1-v)a_2M_2(n), \quad (n = 0,1,2,...). \tag{76}$$

Составим характеристическое уравнение при $v = \lambda$

$$\begin{vmatrix} z-(1-\lambda)a_1 & -va_2 \\ -\lambda a_1 & z-(1-v)a_2 \end{vmatrix} =$$
$$= z^2 - (1-\lambda)(a_1 + a_2)z + (1-2\lambda)a_1a_2 = 0.$$

Это уравнение имеет вещественные корни и наибольший по модулю корень

$$z_{max} = \frac{(1-\lambda)(a_1 + a_2)}{2} + \sqrt{(1-\lambda)^2 \frac{(a_1 - a_2)^2}{4} + \lambda^2 a_1 a_2} < 1,$$

если выполнено неравенство

$$(a_1 + a_2)(1-\lambda) < 1 + a_1a_2(1-2\lambda). \tag{77}$$

Условие (77) определяет область устойчивости решений уравнения (75) в среднем.

Если предположить, что $0 < a_1 \leq a_2$, то легко доказывается неравенство

$$a_1 \leq z_{max} \leq a_2.$$

Поэтому при выполнении условий $0 < a_k < 1$, $(k = 1,2)$ нулевое решение системы (76) асимптотически устойчиво, а при выполнении $a_k > 1$ $(k = 1,2)$ неустойчиво. Наиболее интересен случай, когда

$$0 < a_1 < 1 < a_2.$$

На рис. 3 однократно заштрихована наиболее широкая область устойчивости при $\lambda = 1$, когда уравнение (75) становится детерминированным

$$X_{n+2} = a_1 a_2 X_n.$$

Двукратно заштрихована область устойчивости в среднем решений уравнения (75), определяемая неравенством (77).

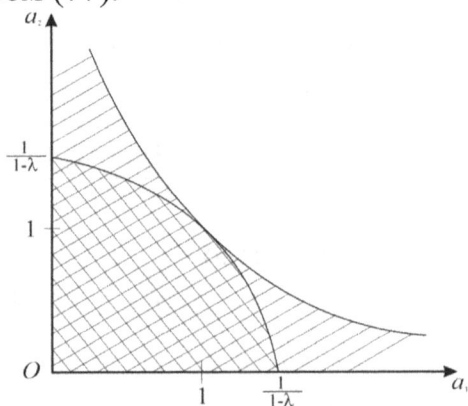

Рис. 3.

При исследовании устойчивости решений уравнения (75) в среднем квадратичном, приходим к системе разностных уравнений

$$D_1\left(n+1\right) = \left(1-\lambda\right)a_1^2 D_1\left(n\right) + va_2^2 D_2\left(n\right),$$

$$D_2\left(n+1\right) = \lambda a_1^2 D_1\left(n\right) + \left(1-v\right)a_2^2 D_2\left(n\right),$$

аналогичной системе разностных уравнений (76).

9. Построение функций Ляпунова для системы линейных разностных уравнений со случайными коэффициентами

Рассматривается система линейных разностных уравнений со случайными марковскими коэффициентами

$$X_{n+1} = A(\zeta_n)X_n, \quad \det A(\zeta_n) \neq 0, \qquad (78)$$

где ζ_n – марковская цепь, принимающая значения $\theta_1,...,\theta_q$ с вероятностями

$$p_k(n) = P\{\zeta_n = \theta_k\}, \quad (k = 1,...,q),$$

удовлетворяющими системе разностных уравнений

$$p_k(n+1) = \sum_{s=1}^{q} \pi_{ks} p_s(n). \qquad (79)$$

Определение. Нулевое решение системы линейных разностных уравнений (78) называется L_2 – устойчивым, если для любого решения X_n системы уравнений (78) с ограниченным начальным значением $\langle \|X_0\|^2 \rangle$ сходится ряд

$$I = \sum_{n=0}^{\infty} \langle \|X_n\|^2 \rangle. \qquad (80)$$

Напомним, что символ $\langle X \rangle$ означает математическое ожидание величины X, т.е. $\langle X \rangle = M\{X\}$. Это определение устойчивости оказалось наиболее удобным при исследовании систем вида (78).

Если нулевое решение системы (78) L_2 - устойчиво, то выполнено условие

$$\lim_{n\to\infty}\left\langle\left\|\mathrm{X}_n\right\|^2\right\rangle = 0$$

и поэтому нулевое решение системы (78) будет асимптотически устойчиво в среднем квадратичном.

Теорема. Для того, чтобы нулевое решение системы линейных разностных уравнений (78) было L_2 – устойчивым, необходимо и достаточно, чтобы сходился матричный ряд

$$D = \sum_{n=0}^{\infty} D_n, \quad D_n \equiv \left\langle \mathrm{X}_n \mathrm{X}_n^* \right\rangle. \tag{81}$$

Доказательство.   Везде   используется евклидова норма вектора

$$\left\|\mathrm{X}\right\| = \sqrt{\left|x_1\right|^2 + ... + \left|x_m\right|^2} \; .$$

Поскольку $SpD_n = \left\langle\left\|\mathrm{X}_n\right\|^2\right\rangle$, то из сходимости ряда (81) вытекает сходимость ряда (80).

Обратно, из сходимости ряда (80) вытекает сходимость матричного ряда (81) в силу неравенства

$$\left\langle x_k x_s \right\rangle \le \frac{1}{2}\left(\left\langle x_k^2 \right\rangle + \left\langle x_s^2 \right\rangle\right).$$

Введем положительно определенную квадратичную форму

$$w(n, X_n) = X_n^* B_n X_n, \qquad (82)$$

которая удовлетворяет условиям

$$\lambda_1 \|X_n\|^2 \le w(n, X_n) \le \lambda_2 \|X_n\|^2, \quad (\lambda_1 > 0), \quad (n = 0,1,2,...).$$
$$(83)$$

Поскольку при любом $N \ge 0$ выполнены неравенства

$$\lambda_1 \sum_{n=0}^{N} \left\langle \|X_n^2\| \right\rangle \le \sum_{n=0}^{N} \left\langle w(n, X_n) \right\rangle \le \lambda_2 \sum_{n=0}^{N} \left\langle \|X_n\|^2 \right\rangle,$$

то при $\lambda_1 > 0$ сходимость ряда (80) будет равносильна сходимости ряда

$$\upsilon = \sum_{n=0}^{\infty} \left\langle w(n, X_n) \right\rangle. \qquad (84)$$

Поэтому для L_2 – устойчивости решений системы (78) необходимо и достаточно сходимости ряда (84) при ограниченном начальном значении $\left\langle \|X_0\|^2 \right\rangle$.

Введем квадратичную форму

$$w(n, X_n, \zeta_n) = X_n^* B_n(n, \zeta_n) X_n,$$

зависящую от марковской цепи ζ_n. Пусть выполнены условия

$$\lambda_1 \|X_n\|^2 \le w(n, X_n, \zeta_n) \le \lambda_2 \|X_n\|^2, \quad (\lambda_1 > 0).$$

Для того, чтобы система линейных разностных уравнений (78) была L_2 – устойчивой необходимо и достаточно, чтобы при ограниченном значении $\left\langle \left\| X_0 \right\|^2 \right\rangle$ сходился ряд

$$\upsilon = \sum_{n=0}^{\infty} \left\langle w\left(n, X_n, \zeta_n\right) \right\rangle.$$

Поскольку марковская цепь ζ_n принимает лишь значения $\theta_1, ..., \theta_q$, то вводим обозначения

$$B_s(n) \equiv B(n, \theta_s), \quad w_s(n, X) \equiv w(n, X, \theta_s), \quad (s = 1, ..., q).$$

Для матриц $B_s(n)$ выполнены ограничения

$$\lambda_1 E \leq B_s(n) \leq \lambda_2 E,$$
$$(\lambda_1 > 0, s = 1, ..., q; \; n = 0, 1, 2, ...)$$
$$\lambda_1 \left\| X_n \right\|^2 \leq w_s(n, X_n) \leq \lambda_2 \left\| X_n \right\|^2,$$
$$(\lambda_1 > 0, s = 1, ..., q; \; n = 0, 1, 2, ...).$$

Введем функции Ляпунова по формулам [7]:

$$\upsilon(k, X) = \sum_{j=n}^{\infty} \left\langle w\left(j, X_j, \zeta_j\right) \mid X_n = X, \zeta_n = \theta_s \right\rangle$$
$$(s = 1, ..., q; n = 0, 1, 2, ...). \tag{85}$$

Если будут найдены функции Ляпунова $\upsilon_s(0, X)$ $(s = 1, ..., q)$, то можно найти значение функционала (84):

$$\upsilon = \int\limits_{E_m} \sum_{s=1}^{q} \upsilon_s(0, \mathrm{X}) f_s(0, \mathrm{X}) d\mathrm{X}, \qquad (86)$$

где $f_s(0, \mathrm{X})$, $\quad (s = 1, ..., q)$ – частные плотности распределения системы случайных величин (X_0, ζ_0). **Функции** $\upsilon_s(n, \mathrm{X})$, $(s = 1, ..., q)$ **зависят только от вида функций** $w_s(n, \mathrm{X})$, $(s = 1, ..., q)$, **от значений марковской цепи** ζ_n $(n = 0, 1, 2, ...)$, **от значений матриц** $\mathrm{A}_s = \mathrm{A}(\theta_s)$, $\quad (s = 1, ..., q)$ **и не зависят от вероятностного распределения случайных величин.**

Легко доказывается теорема.

Теорема. Если существуют функции Ляпунова $\upsilon_s(k, \mathrm{X})$ (85), то они удовлетворяют системе функциональных уравнений

$$\upsilon_s(n, \mathrm{X}) = w_s(n, \mathrm{X}) + \sum_{l=1}^{q} \pi_{ls} \upsilon_l(n + 1, \mathrm{A}_s \mathrm{X})$$

$$(s = 1, ..., q; n = 0, 1, 2, ...). \qquad (87)$$

Доказательство. Выделим в суммах (85) первые слагаемые $w_s(n, \mathrm{X})$.

С вероятностью π_{ls} марковская цепь ζ_n переходит из состояния θ_s в состояние θ_l, $(l = 1, ..., q)$. Поэтому будут справедливы равенства

$$\upsilon_s(n,\mathrm{X})=w_s(n,\mathrm{X})+$$

$$+\sum_{l=1}^{q}\pi_{ls}\sum_{j=n+1}^{\infty}\left\langle w\big(j,\mathrm{X}_j,\zeta_j\big)\mid \mathrm{X}_n=\mathrm{X},\ \mathrm{X}_{n+1}=\mathrm{A}_s\mathrm{X},\ \zeta_n=\theta_s;\ \zeta_{n+1}=\theta_l\right\rangle,$$

которые равносильны системе уравнений (87).

Функции Ляпунова $\upsilon_s(n,\mathrm{X})$, $(s=1,...,q)$ являются квадратичными функциями от X

$$\upsilon_s(n,\mathrm{X})=\mathrm{X}^*C_s(n)\mathrm{X},\quad(s=1,...,q). \tag{88}$$

Подставляя выражения (88) в систему уравнений (87) придем к системе матричных уравнений для матриц $C_s(n)$

$$C_s(n)=\mathrm{B}_s(n)+\sum_{l=1}^{q}\pi_{ls}\mathrm{A}_s^*C_l(n+1)\mathrm{A}_l,\quad(s=1,...,q). \tag{89}$$

Можно доказать теорему [7].

Теорема. Если система матричных разностных уравнений (89) при некоторых матрицах $\mathrm{B}_s(k)$, $(s=1,...,q)$, удовлетворяющих условиям

$$\lambda_1 E\le \mathrm{B}_s(k)\le\lambda_2 E,\ (\lambda_1>0),$$

имеет ограниченное при всех $n=0,1,2,...$ положительно определенное решение $C_s(n)$, $(s=1,...,q;n=0,1,2,...)$, то нулевое решение системы разностных уравнений (78) L_2 – устойчиво.

Приведем более частные результаты для системы разностных уравнений (78) со случайными марковскими коэффициентами.

Вводим положительно определенную квадратичную форму

$$w(X, \zeta) = X^* B(\zeta) X, \tag{90}$$

удовлетворяющую условиям

$$\lambda_1 \|X\|^2 \le w_s(X) \le \lambda_2 \|X\|^2, \; (\lambda_1 > 0),$$
$$v_s(X) \equiv w(X, \theta_s), \; (s = 1, \dots, n)$$

которые можно переписать в виде

$$\lambda_1 E \le B_s \le \lambda_2 E, \quad B_s \equiv B(\theta_s), \quad (s = 1, \dots, q).$$

Определим функции Ляпунова

$$\upsilon_s(n, X) \equiv X^* C_s(n) X, \quad (s = 1, \dots, q; n = 0, 1, 2, \dots)$$

по формулам вида (85)

$$\upsilon_s(n, X) = \sum_{j=n}^{\infty} \left\langle w(X_j, \zeta_j) \mid X_n = X, \; \zeta_n = \theta_s \right\rangle$$
$$(s = 1, \dots, q; n = 0, 1, 2, \dots). \tag{91}$$

Эти функции удовлетворяют системе функциональных уравнений вида

$$\upsilon_s(n, X) = w_s(X) + \sum_{l=1}^{q} \pi_{ls} \upsilon_l(n+1, A_s X),$$
$$(s = 1, \dots, q; n = 0, 1, 2, \dots), \tag{92}$$

которые равносильны системе матричных уравнений

$$C_s(n) = B_s + \sum_{l=1}^{q} \pi_{ls} A_s^* C_l(n+1) A_s, \quad (s = 1, \dots, q). \tag{93}$$

Существование положительно определенного решения $C_s(n)$, $\left(s = 1,...,q; n = 0,1,2,...\right)$, системы разностных уравнений (93) равносильно существованию положительно определенного решения системы матричных уравнений

$$C_s = B_s + \sum_{l=1}^{q} \pi_{ls} A_s^* C_l A_s, \quad B_s > 0, \quad \left(s = 1,...,q\right). \quad (94)$$

Из предыдущего следует теорема.

Теорема. Для того, чтобы нулевое решение системы линейных разностных уравнений (78) со случайными коэффициентами, зависящими от марковской цепи, определенной системой разностных уравнений (79), было L_2 – устойчиво, необходимо и достаточно, чтобы при некоторых симметричных матрицах $B_s > 0$, $\left(s = 1,...,q\right)$ система уравнений (94) имела положительно определенное решение

$$C_s > 0, \quad \left(s = 1,...,n\right).$$

Рассмотрим однородную систему матричных разностных уравнений

$$C_j(n) = \sum_{l=1}^{q} \pi_{ls} A_s^* C_l(n+1) A_s,$$

$$\left(s = 1,...,q; n = 0,\pm 1,\pm 2,...\right).$$

$$(95)$$

Можно доказать теорему.

Теорема. Система разностных уравнений (95) является сопряженной к системе моментных уравнений (74).

Для доказательства используем скалярное произведение $A \circ B$ матриц порядка $m \times m$:

$$A = \left\| a_{ks} \right\|_{k,s=1}^{m}, \quad B = \left\| b_{ks} \right\|_{k,s=1}^{m}, \quad A \circ B = \sum_{k,s=1}^{m} a_{ks} b_{ks}.$$

Используя это обозначение, получим равенство

$$\sum_{j=1}^{q} D_j(n+1) \circ C_j(n+1) = \sum_{j=1}^{q}\sum_{s=1}^{q} \pi_{js} A_s D_s(n) A_s^* \circ C_j(n+1) =$$

$$= \sum_{s=1}^{q}\sum_{j=1}^{q} \pi_{js} A_s^* C_j(n+1) A_s \circ D_s(n) = \sum_{s=1}^{q} C_s(n) \circ D_s(n),$$

откуда вытекает доказательство теоремы.

Отсюда следует, что асимптотическая устойчивость решений системы (74) при $n \to +\infty$ равносильна асимптотической устойчивости решений системы матричных разностных уравнений (95) при $n \to -\infty$.

Отметим, что L_2 – устойчивость решений системы разностных уравнений (78) равносильна устойчивости решений системы (78) в среднем квадратичном.

10. Критерии устойчивости решений системы линейных разностных уравнений со случайными коэффициентами

Приведем сводку критериев устойчивости решений системы линейных разностных уравнений

$$\mathrm{X}_{n+1} = \mathrm{A}(\zeta_n)\mathrm{X}_n, \quad (n = 0,1,2,...), \qquad (96)$$

со случайными коэффициентами, зависящими от марковской цепи ζ_n, принимающей значения $\theta_1,...,\theta_q$ с вероятностями

$$p_k(n) = P\{\zeta_n = \theta_k\}, \quad (k = 1,...,q),$$

удовлетворяющими системе разностных уравнений с постоянными коэффициентами

$$p_k(n+1) = \sum_{s=1}^{q} \pi_{ks} p_s(n), \quad (k = 1,...,q).$$

Чтобы нулевое решение системы разностных уравнений (96) было асимптотически устойчиво необходимо и достаточно одного из следующих равносильных условий:

11. Чтобы система матричных уравнений

$$C_s = \mathrm{B}_s + \sum_{l=1}^{q} \pi_{ls} \mathrm{A}_s^* C_l \mathrm{A}_s, \quad (s = 1,...,q) \qquad (97)$$

при любых симметричных матрицах $\mathrm{B}_s > 0$, $(s = 1,...,q)$ имела решение $C_s > 0$, $(s = 1,...,q)$.

12. Чтобы система матричных уравнений (97) при некоторых значениях симметричных матриц $\mathrm{B}_s > 0$, $(s = 1,...,q)$, например $\mathrm{B}_s = E$ (E – единичная матрица), имела решение $C_s > 0$, $(s = 1,...,q)$.

13. Чтобы сходился метод последовательных приближений при решении системы уравнений (97) при некоторых $\mathrm{B}_s > 0$, $(s = 1,...,q)$:

$$C_s(n) = \mathrm{B}_s + \sum_{l=1}^{q} \pi_{ls} \mathrm{A}_s^* C_l(n+1) \mathrm{A}_s, \quad (n = -1,-2,-3,...),$$

$$C_s(0) = 0, \quad C_s = \lim_{n \to -\infty} C_s(n), \quad (s = 1,...,q).$$

14. Чтобы монотонный оператор L в пространстве $(mq) \times m$ матриц C

$$C = \begin{pmatrix} C_1 \\ C_2 \\ ... \\ C_q \end{pmatrix}, \quad LC = \begin{pmatrix} \pi_{11}\mathrm{A}_1^* C_1 \mathrm{A}_1 & \pi_{21}\mathrm{A}_1^* C_2 \mathrm{A}_1 & ... & \pi_{q1}\mathrm{A}_1^* C_q \mathrm{A}_1 \\ \pi_{12}\mathrm{A}_2^* C_1 \mathrm{A}_2 & \pi_{22}\mathrm{A}_2^* C_2 \mathrm{A}_2 & ... & \pi_{q2}\mathrm{A}_2^* C_q \mathrm{A}_2 \\ .... & .... & ... & .... \\ \pi_{1q}\mathrm{A}_q^* C_1 \mathrm{A}_q & \pi_{2q}\mathrm{A}_q^* C_2 \mathrm{A}_q & ... & \pi_{qq}\mathrm{A}_q^* C_q \mathrm{A}_q \end{pmatrix}$$

$$C_s = C_s^*, \quad (s = 1,...,q)$$

был сжимающим.

15. Чтобы любое решение системы линейных однородных разностных уравнений

$$C_s(n) = \sum_{l=1}^{q} \pi_{ls} \mathrm{A}_s^* C_l(n+1) \mathrm{A}_s, \quad (s = 1,...,q;\ n = -1,-2,-3,...)$$

стремилось к нулевому решению при $n \to -\infty$.

16. Чтобы любое решение системы однородных матричных разностных уравнений

$$D_j(n+1) = \sum_{s=1}^{q} \pi_{js} A_s D_s(n) A_s^*, \quad (j=1,\ldots,q; n=0,1,2,\ldots)$$

стремилось к нулевому решению при $n \to +\infty$.

17. Чтобы система матричных уравнений

$$D_j = \sum_{s=1}^{q} \pi_{js} A_s D_s A_s^* + B_j, \quad (j=1,\ldots,q) \tag{98}$$

при любых симметрических матрицах $B_j > 0$, $(j=1,\ldots,n)$ имела решение $D_j > 0$, $(j=1,\ldots,n)$.

18. Чтобы система матричных уравнений (98) при некоторых симметричных матрицах $B_j > 0$ $(j=1,\ldots,q)$, например $B_j = E$, $(j=1,\ldots,q, E -$ единичная матрица), имела решение $D_j > 0$ $(j=1,\ldots,q)$.

19. Чтобы сходился метод последовательных приближений при решении системы матричных уравнений (98) при $B_j > 0$, $(j=1,\ldots,q)$:

$$D_j(n+1) = \sum_{s=1}^{q} \pi_{js} A_s D_s(n) A_s^* + B_j, \quad (n=0,1,2,\ldots),$$

$$D_j(0) = 0, \quad D_j = \lim_{n \to +\infty} D_j(n), \quad (j=1,\ldots,q).$$

20. Чтобы монотонный оператор L^* в пространстве $(mq) \times m$ матриц D

$$D = \begin{pmatrix} D_1 \\ D_2 \\ ... \\ D_q \end{pmatrix},$$

$$L^* D = \begin{pmatrix} \pi_{11} A_1 D_1 A_1^* & \pi_{12} A_2 D_2 A_2^* & ... & \pi_{1q} A_q D_q A_q^* \\ \pi_{21} A_1 D_1 A_1^* & \pi_{22} A_2 D_2 A_2^* & ... & \pi_{2q} A_q D_q A_q^* \\ .... & .... & ... & .... \\ \pi_{q1} A_1 D_1 A_1^* & \pi_{q2} A_2 D_2 A_2^* & ... & \pi_{qq} A_q D_q A_q^* \end{pmatrix}$$

$$D_j = D_j^* \quad (j = 1,...,q)$$

был сжимающим.

21. Для устойчивости в среднем квадратичном решений системы разностных уравнений (96) достаточно, чтобы при некоторых симметричных матрицах $C_s > 0,$ $(s = 1,...,q)$ выполнялись неравенства

$$C_s - \sum_{l=1}^{q} \pi_{ls} A_s^* C_l A_s > 0, \quad (s = 1,...,q),$$

а также достаточно, чтобы при некоторых симметрических матрицах $D_j > 0,$ $(j = 1,...,q)$ выполнялись неравенства

$$D_j - \sum_{s=1}^{q} \pi_{ls} A_s D_s A_s^* > 0, \quad (j = 1,...,q).$$

Пример. Найдем условия устойчивости в среднем квадратичном решений разностного уравнения

$$x_{n+1} = a(\zeta_n)x_n, \quad (n = 0,1,2,...),$$

$$a(\theta_s) = a_s, \quad (s = 1,2),$$

$$(99)$$

где ζ_n – марковская цепь, принимающая два состояния θ_1, θ_2 с вероятностями $p_1(n), p_2(n)$, удовлетворяющими системе разностных уравнений

$$p_1(n+1) = (1-\lambda)p_1(n) + vp_2(n),$$

$$p_2(n+1) = \lambda p_1(n) + (1-v)p_2(n),$$

$$0 < \lambda < 1, \quad 0 < v < 1.$$

Нулевое решение уравнения (99) будет асимптотически устойчиво в среднем квадратичном, если корни мультипликаторного уравнения

$$\Delta(z) = \begin{vmatrix} z - (1-\lambda)a_1^2 & -\lambda a_1^2 \\ -va_2^2 & z - (1-v)a_2^2 \end{vmatrix} = 0$$

были по модулю меньше единицы. Граница области неустойчивости определяется уравнением $\Delta(1) = 0$. Область асимптотической устойчивости определена неравенствами

$$(1-\lambda)a_1^2 + (1-v)a_2^2 < 1 - (1-\lambda-v)a_1^2 a_2^2,$$

$$(1-\lambda)a_1^2 + (1-v)a_2^2 < 2.$$

На рис. 4 изображена область устойчивости в зависимости от знака выражения $\mu = 1 - \lambda - v$.

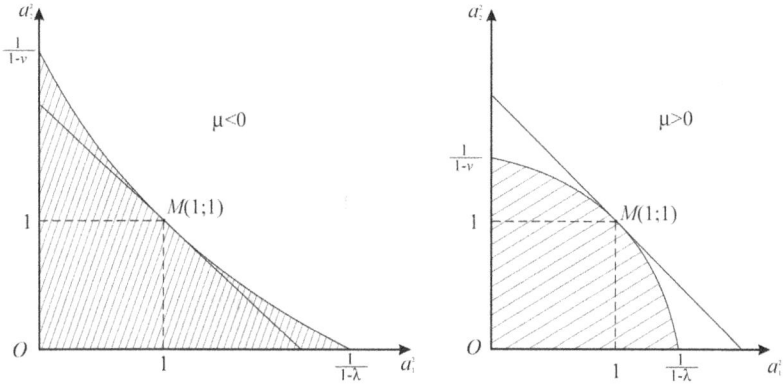

Рис. 4. Область устойчивости
решений уравнения (99).

При $\mu = 0$ область устойчивости определяются линейным неравенством

$$(1 - \lambda)a_1^2 + (1 - v)a_2^2 < 1.$$

Области устойчивости заштрихованы. Границы областей устойчивости проходят через точку $M(1;1)$.

Задачи

1. Начать разработку теории нелинейных марковских цепей. Найти необходимые и достаточные условия эргодичности. Найти условия существования периодических решений.

2. Найти условия эргодичности немарковских цепей.

3. Найти необходимые и достаточные условия устойчивости в среднем квадратичном системы разностных уравнений

$$X_{n+1} = A(\zeta_{n+1}, \zeta_n) X_n,$$

где ζ_n – марковская цепь.

4. Разработать асимптотический метод построения моментных уравнений для системы уравнений

$$X_{n+1} = \mu A(\zeta_n) X_n,$$

где μ – малый параметр [8].

5. Перенести приведенные результаты на системы линейных дифференциальных уравнений, используя разностную аппроксимацию.

6. Развить численные методы исследования устойчивости решений разностных уравнений со случайными марковскими коэффициентами.

Литература

1. Феллер В. Введение в теорию вероятностей и её приложение. – М.: Мир, 1984, т.1.–527 с.

2. Маршалл А., Олкин Н. Неравенства: теория мажорации и её приложения. – М.: Мир, 1983. – 576 с.

3. Тихонов В.Н., Миронов М.А. Марковские процессы. – М.: Св. радио, 1977. – 488 с.

4. Валеев К.Г., Стрижак О.Л. Метод моментных уравнений. – Препринт – 467 ИЭД
   a. АН УССР, Киев, 1986. – 56 с.

5. Беллман Р. Введение в теорию матриц. – М.: "Наука", 1969. – 368 с.

6. Валеев К.Г., Финин Г.С. Построение функций Ляпунова. – Киев: Наук. думка, 1981. – 412 с.

7. Валеев К.Г., Карелова О.Л., Горелов В.Н. Оптимизация линейных систем со случайными коэффициентами. – М.: Изд-во Российского университета дружбы народов, 1996. – 258 с.

8. Стрижак Т.Г. Асимптотический метод нормализации. –Киев: Вища школа, 1984.–280 с.

ibidem-Verlag

Melchiorstr. 15

D-70439 Stuttgart

info@ibidem-verlag.de

www.ibidem-verlag.de
www.ibidem.eu
www.edition-noema.de
www.autorenbetreuung.de

www.ingramcontent.com/pod-product-compliance
Lightning Source LLC
Chambersburg PA
CBHW061320220326
41599CB00026B/4968